每天懂一点

变通思维

赢家是如何思考的

上

章岩 编著

民主与建设出版社
·北京·

© 民主与建设出版社，2023

图书在版编目（CIP）数据

每天懂一点变通思维：赢家是如何思考的 / 章岩编
著 . -- 北京：民主与建设出版社，2023.7
ISBN 978-7-5139-4277-5

Ⅰ . ①每… Ⅱ . ①章… Ⅲ . ①思维方法 Ⅳ . ① B80

中国国家版本馆 CIP 数据核字（2023）第 120637 号

每天懂一点变通思维：赢家是如何思考的
MEITIAN DONG YIDIAN BIANTONG SIWEI YINGJIA SHI RUHE SIKAO DE

编　　著	章 岩	
责任编辑	周佩芳	
封面设计	天津雷睛文化·杜娟	
出版发行	民主与建设出版社有限责任公司	
电　　话	（010）59417747　59419778	
社　　址	北京市海淀区西三环中路 10 号望海楼 E 座 7 层	
邮　　编	100142	
印　　刷	天津旭非印刷有限公司	
版　　次	2023 年 7 月第 1 版	
印　　次	2023 年 8 月第 1 次印刷	
开　　本	880 毫米 ×1230 毫米　1/32	
印　　张	13.75	
字　　数	350 千	
书　　号	ISBN 978-7-5139-4277-5	
定　　价	128.00 元（全二册）	

注：如有印、装质量问题，请与出版社联系。

穷则变，变则通，通则久

在这个世界上，为什么有些人的财富比别人多十倍、百倍、千倍，甚至万倍呢？人与人之间的差别到底在哪里？同样是一天 24 小时，同样是脖子扛一个脑袋，为什么有些人就比别人拥有更多？究其原因，穷人与富人、成功者与失败者之间的差别关键在于思维的不同。

《周易》曰："穷则变，变则通，通则久。"一条路不通，并不代表整个世界都是障碍，只要你稍微变通一下思维，很容易就能找到新的道路。这可不是什么毒鸡汤，而是中国千年来流传下来的智慧精髓。从某种意义上说，一个人懂不懂得变通思维，往往决定着他有什么样的成就。综观全球，伟大人物之所以能取得举世瞩目的成就，大都是精通变通思维的结果。如果你想赚到更多的钱，取得更大的成就，就有必要变通你的思维。思维一旦得到改变，你的人生或许就不再那么举步维艰。进化论创始人达尔文说："这个世界不属于强者，强者太强，枪打出头鸟；也不属于弱者，弱者太弱，弱不禁风；而是属于适者，因为他们最懂得适应，适者生存。"达尔文还说："应变力也是战斗力，而且是重要的战斗力。得以生存的不是最强大或者最聪明的物种，而是最善变的物种。"由此可见，变通思维是一个人生存的关键武器，是我们立足于世的核心竞争力。

如果一个人总是碌碌无为、思维僵化、缺乏自信，又怎么能够获得人生丰硕的果实呢？现在这个时代，早就不再是按部就班就能成功的时代了，如果你再沿着陈旧的固有思维一条道走到黑，那你一辈子都很难有翻身之日，辛苦一生最终等来的大多是徒劳无功。

有一种穷是思维的穷，有一种富是思维的富。在这个全新的时代，穷人不懂变通思维、抱残守缺，一不小心就会穷一辈子，而且穷儿子、穷孙子；很多"富人"不懂变通思维，从亿万富翁暴跌至一贫如洗。而有的人则通过思维的变通和颠覆，从两手空空的穷小子变成亿万富翁。真正的富有不在口袋里的金钱，而在你脑袋里的思维。思维的富有才是真正的富有，就像管道里的水，取之不尽用之不竭，只要打开，它将源源不断地自动流淌。

这个世界，有时候牢不可破，就像铁桶一样丝毫找不到突破口，如果你硬着头皮较劲上去，可能白白浪费一生的时间，也只落得个头破血流。那怎么办呢？我们大可不必在一个思维圈子里死磕，我们要让自己从思维的死胡同里走出来，看看这个世界的真正入口在哪里。是的，既然在"铁桶"的四周找不到入口，为什么还要继续横冲直撞？为什么不换个角度思考——入口会不会在顶端或底部？如果在顶端，你可以为自己搭一架长长的梯子爬进去；如果在底部，你可以挖一条地道钻出去。总之，这个世界并不像我们想象的那么难，你眼前的困境，可能只是一层窗户纸，关键在于你的思维能否获得新的突破。很多时候，困住你的不是世界，而是你的思维。如果你能变通思维，就会发现海阔天空，任你翱翔。

事实正是如此，真正能够改变你命运的不是天上的馅儿饼，而是来自你大脑里的"雷击"，一场雷击一般思维的裂变，才能帮你找到全新的自己，才能让你拥有逆袭的人生。本书正是这样一本帮你提升变通思维能力的书，一本让你看到世界运转规律的书，一本让你掌握赢家思维模式的书，一本帮你掌握思维致富法则的书。相信有了这本书的保驾护航，你的人生就会尽可能避开思维陷阱，从而朝着正确的方向前行，由此踏上顺风顺水的成功之路。

目 录

第一章 变通思维是赢家的密码

叔本华说："世界上最大的监狱，是人的思维意识。"很多时候，真正限制你的不是经济上的贫穷，而是思维上的牢笼。如果你的思维已经冲破牢笼，形成了全新的思维模式，那么你离改变自己命运的时刻已经不远了。

第二章 变通思维，助你人生一路畅通

每当陷入思维死胡同时，我建议你不要跟自己过不去，你完全可以换个角度，开启一种新的思维模式，这样你将看到不一样的风景，你所面临的问题，也许就会迎刃而解。

第三章 思考致富——"点石成金"的思维之道

一个好的创意可以价值连城，所以创意思维是穷人翻身的一种武器。用广告大师李奥贝纳的话说就是："伸手摘星，即使徒劳无功，亦不致一手污泥。"等你学会将创意思维与市场相结合，财富的获得对你来说将是轻而易举的事。

第四章 思维的真相——为什么很多人勤劳却不成功

大多数人每天都在奔波劳碌，忙得没有歇脚喘气的时间。即便这样，却依然赚不够衣食费用，更别说有时间去马尔代夫享受浪漫生活。如果我们这辈子不改变思维的话，美好的人生愿望大概就只能永远游走在自己的脑海中。这个时候，你应该停下来问自己——我到底在为什么而忙碌？应该如何改变思维，获得人生的转机？

第五章 人性的弱点——不可不知的思维漏洞

　　人性是经不起考验的，一旦考验，就会暴露出各种弱点，你就会看到漏洞百出。另外，很多人之所以总是举步维艰，那是因为他们人性上存在弱点，思维里存在漏洞，仿佛是桶底的洞一样，不管装了多少水，都会漏得一干二净。所以，我们要读懂自己，读懂他人，看看这些人性弱点和思维漏洞，盘点一下，自己身上有多少？

第六章 假作真时真亦假——真假虚实的思维法则

　　在这个世界上，有些事看上去很假，实际上却很可能是真的。有些事，看起来很真，但可能是假的。真假难辨，世事难料。在人类的定势思维中，如果认定了一个人是骗子，那么有一天这个人哪怕说出真诚的话语，仍然会被人怀疑。让我们翻阅本章，一起学习真假虚实的思维法则。

第七章 走出低谷期——逆境中的思维策略

　　每个人都会遇到逆境，面对逆境，有的人一蹶不振，而有的人则能柳暗花明，引爆体内更强大的潜能，其根本区别在哪里呢？这是人生的一场考验，如果能够转变思维，你就能扭转局面，从而改变自己的命运。学会逆境中的思维策略，你就能够从希望中得到欢乐，在苦难中保持坚韧。

第八章 突破人生困局的思维武器

　　人的思维就像笼中的狮子，如果总是困在里面沉睡，我们只能一辈子被生活奴役。现在，请让我们打开铁笼，挣脱锁链，让思维从笼中一跃而出，这样才能爆发出我们潜在的能量。在这里，你将获得突破人生困局的思维武器，助你在人生路上披荆斩棘。

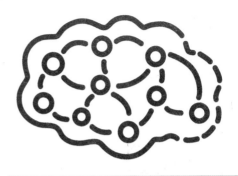

第一章

变通思维是赢家的密码

　　叔本华说："世界上最大的监狱，是人的思维意识。"很多时候，真正限制你的不是经济上的贫穷，而是思维上的牢笼。如果你的思维已经冲破牢笼，形成了全新的思维模式，那么你离改变自己命运的时刻已经不远了。

赢家是如何思考的

如果你来到临终者的床前，或许可以听到他们共同的遗言——我想重新活一次！

为什么会这样？

人生为什么会存在如此多的残缺和遗憾？这是因为，大多数人虽然活在这个世界上，但并没能够实现自己的梦想，自始至终只是在做一颗生锈的螺丝钉，没有自己的心跳，没有自己的热血，没有自己的历险，更关键的是没有自己特立独行的思维——只是随波逐流、盲目跟风，白白荒废了一生的大好年华。

有人或许会找借口——我资历尚浅，人生需要时间煎熬，所以我的人生和思维没必要改变，我需要坚持、坚持！坚持到底就是胜利！果真如此吗？在这世界上，有数不清的人，沿着一条错误的道路坚持走下去，最后须发皆白仍一事无成。比如，一个原本具有经商天赋的青年，却痴迷于演艺事业，妄想成为一名大红大紫的明星，结果至死都是一个跑龙套的。我们必须认识到这个道理，坚持有时候没有改变思维重要！如果没有赢家的变通思维，即使你坚持 100 年，最后你收获的也可能并不是累累硕果，而只是一腔遗憾。

如果你拥有了赢家的变通思维，即便年纪轻轻又如何？

Facebook（中文名为脸书）问世之际，当时扎克伯格年仅 19 岁，是哈佛大学大二的学生。后来，Facebook 成为全球最大的社交网络。由此可见，一个人能否改变命运，关键不在年龄大小，而在于思维是否卓越。

Facebook 本是国外教师的点名册，扎克伯格最初的想法，就是为教师和学生提供一种沟通联络的平台——将点名册公开搬到网络上。这本身就是一种全新的思维，他决定尝试。他自己也不曾想到，在短短的三年里，Facebook 就获得了高速增长，并逐渐成为当今互联网发展的奇迹。

Facebook 刚起步阶段，雅虎曾与 Facebook 商谈收购事宜，收购金额高达 10 亿美金。华尔街怀疑 Facebook 是否真的值这个价钱，可出人意料的是，扎克伯格拒绝了这次收购。很多人都认为，他这是判断失误。还有人认为扎克伯格太贪婪，希望能卖到更高的价钱。但扎克伯格的回答是——我跟他们玩的根本不是同一种游戏。很多公司的创建是为了卖掉，而我下定了决心要做出我自己的东西，其他的一切都是干扰！

他们不仅不卖自己的公司，而且还收购了别人的公司。Facebook 曾以 190 亿美元的高价，收购移动通信公司 WhatsApp。扎克伯格认为，收购 WhatsApp 将会"明显有助于加快我们在拓展移动业务方面的进展"。他说，"Facebook 向成为一家移动公司迈进"。做出这样的战略调整，是由扎克伯格的移动互联网思维所决定的。他的目标，是成为移动互联网世界的王者。

这种思维方式实在是太反常规了！当时的互联网从业者，大都遵循一条游戏规则：你琢磨出一个点子，把它建设成公司，想好对策——让更大的公司收购，或者发行股票，从而犒赏原始投资者和元老雇员们的辛苦劳动。面临压力的扎克伯格，是否想过这样的退策呢？不！扎克伯格从不这样想。他说："退策这个词给思维套上了框架，会把我们带进深渊！如果你出售公司，这可以叫退策，但这不是我的思维方式。"

扎克伯格的思维不是墨守成规、安于现状，而是变通创新。他的团队工程副总裁莫斯科维茨22岁，首席技术官迪安戈罗23岁，他们的共同信仰，就是打造一个开放、合作与信息分享的社交网络，将这个世界连成一片，让这个世界更好地运转。对于几个愣头青欲改变世界的想法，很多人或许认为他们要么天真，要么就是吹牛，但事实上他们果真震惊了世界，已经取得了大多数人做梦也不敢想的成功。

别看他们个个年纪轻轻，可他们都有迥异于常人的变通思维，他们大脑里想的全是颠覆世界的想法。人生就是这样，不要看年龄，不要看资历，不要看金钱，最关键的要看其思维模式。我们可以清楚地看到扎克伯格的思维模式：

一、从平常事物中发现创新思维切入点。点名册我们每个人司空见惯，也是我们日常生活中离不开的事物。然而，只有扎克伯格能开创式地将其与互联网嫁接，开发出便捷的沟通、联络平台。这是一种旧元素的新组合，一种建立于普遍人性基础上的创造性思维。

二、成就事业的根本出发点，是方便他人，而不是为了赚

钱。扎克伯格将点名册开发成互联网沟通平台的初衷，是为了方便人们彼此之间的沟通，其着眼点首先不在于钱。

三、欲成就大事，要解决人们生活中的大问题。扎克伯格让人们的沟通更便捷，所以 Facebook 获得了爆发式的增长。虽然成就事业的根本出发点不是为了赚钱，但当你成就了一番事业，获得丰厚的回报是必然的。你解决的问题越大，所获得的成绩也会越大。

思维一旦改变，人生境界也就随之改变。《国际歌》中唱道："让思想冲破牢笼 / 快把那炉火烧得通红 / 趁热打铁才能成功！"如果你的思维已经冲破牢笼，形成了全新的思维模式，那么你离改变自己命运的时刻已经不远了。

当太阳升起的时候，很多人把自己囚禁在思维的牢笼里，感到十分安全与温暖，从来没想过要破笼而出。这样的人生，你满意吗？事实上，对那些有理想、有抱负的人来说，来到这个世界上就是一个奇迹，所以他们十分珍惜生命的存在，要对自己的人生负责。而负责的首要意义，就是冲破思维的牢笼，拒绝像行尸走肉那样活着。

化腐朽为神奇的变通思维

　　神奇的变通思维，不仅可以改变我们的命运，还可以改变我们的生活。从最早的电话、留声机、洗衣机的发明，到如今的电脑、手机，每一种高科技产品的出现，背后无不是变通思维作用的结果。变通思维推动社会的发展，改变着我们的生活方式。

　　没有电话的时候，我们需要快马加鞭，千里迢迢地前往送信；没有洗衣机的时候，我们需要花费大量的时间来清洗衣服。电话、洗衣机的问世，将人类解放出来了。我们从此有了更多的时间和精力，来做更重要的事情。你可以说，这些工具让人变得懒惰了，但你不得不承认，这些工具给我们带来了巨大的便利，甚至你自己也无法摆脱对它们的依赖。事实上，这些工具还真是科学家为了满足人类偷懒的需求而特别发明的，如果是那些勤劳而思维僵化的人，又如何能够想到要换一种思维方式来发明工具呢？他们看似勤奋，其实很懒惰。这些人勤奋的是手和脚，懒惰的是大脑，不肯思考，不肯改变，宁愿在辛苦中度过一生。若人类都是如此，可能到现在为止，我们仍停留在原始社会呢！所以，思维的勤劳，才是真正意义上的勤劳！

在产品的发明过程中，伟人们究竟是如何运用变通思维化腐朽为神奇的呢？

1877 年 8 月的一天，爱迪生调试电话的送话器。他用一根短针检验传话膜的振动情况，意外发现了一个奇怪的现象：他手里的针只要一接触传话膜，传话膜就会产生颤动，并且这种颤动，是随着电话所传来声音的强弱而发生变化的。这一现象深深地吸引了爱迪生，为了弄明白其中缘由，他陷入了沉思。

爱迪生心想，要是倒过来，让针发生同样的颤动，不就可以将声音复原出来了吗？这也就是说，可以把人的声音储存起来。按照这种思维方式，爱迪生开始着手实验。经过 4 天 4 夜的反复实验，他设计好了留声机的图纸，交给机械师克鲁西。不久之后，一台结构简单的留声机问世了。爱迪生还拿这台留声机当众做过演示。他一边用手摇动铁柄，一边对着话筒唱歌。然后，当他停下来时，把针头放回原来的位置，再一次摇动手柄，让一个人对着受话器，这时爱迪生刚刚唱过的歌，就在这个人的耳边再次响起。

这就是最早发明的留声机，被誉为 19 世纪的一个奇迹。在发明留声机的过程中，转换思维是关键。爱迪生的很多发明创造，都是创新思维的结果，他对后世人类的生活影响深远，录音机、苹果手机、三星手机等，无一不是在爱迪生发明留声机的基础上加以改进、整合而成的。爱迪生采用的是典型的逆向性思维。什么叫逆向性思维呢？所谓的逆向性思维，是指不同于常规的顺向思维的背反性思维。在当今竞争日趋加剧的情况下，采用这种思维方式，经常可以达到意想不到的效果。

不一样的思维，才能创造不一样的世界、不一样的人生。爱迪生在发明留声机的过程中，运用逆向性思维，创造了不一样的产品。很多时候就是这样，并非严肃认真就能获得巨大的成功，真正伟大的事业，可能是在不经意间完成的，正如扎克伯格、爱迪生等——而这貌似的不经意，其实蕴含着变通思维的强大力量。

卓越的思维模式，就是敢于打破常规，运用头脑中不同的点子来进行探索。条条大路通罗马，也许蓦然回首，就能发现你想要的结果——这就是思维的神奇能量。的确如此，每当我们苦苦思索人生出路的时候，恨不得马上就能成功，但眼前总是有一堵墙拦住去路，这时我们不惜撞个头破血流，也不会后退半步。我们心里会这样对自己说，不！我认准的就是这个方向，不会错的。于是我们一次又一次地发起进攻，但一次又一次地遭受失败。问题到底出在哪里呢？事实上，你的思维已经陷入了死胡同。当面前是一堵墙时，你为什么不换个方向尝试一下？绕个弯，说不定就能让你更快地到达目的地。

不只人生如此，企业的商业经营也如此。如果在经营过程中，不懂得运用创新思维，总是一根筋地解决问题，将会置企业于破产的境地。而如果懂得运用另类思维，则总能化腐朽为神奇，让走下坡路的产品和企业枯木逢春，迎来新的发展机遇。

有一个服装公司老板，吸烟时不小心将一条高档裙子烧了个窟窿，致使其成了废品。为了挽回损失，老板在裙子上剪了许多窟窿，并精心饰以金边，取名为"金边凤尾裙"。这样，那条裙子不但卖了个好价钱，还一传十、十传百，使不少女士上门求购，生意异常红火。

如果你是一家企业，从这名服装公司老板的思维模式中，你能学到什么呢？若你的产品没有销路，企业没有壮大，你该怎么办？事实上，问题在于——你真正挖掘你产品的潜力了吗？你的产品做到扬长避短了吗？

其实，这名服装公司老板运用的，是变异性思维。变异性思维，即利用人们对客观事物的直观感觉所造成的一种心理错觉加以创新，出人意料地创造出某种美感，从而获得立意奇妙的效果。既然裙子已经烧破，没办法复原，那就索性不复原了，利用这个洞，能不能做做文章？按照这种思维模式，你的眼前豁然开朗，将裙子上的洞，改造成一种别样的美感。

很多时候，我们不要抱怨商业社会竞争太激烈，自己进来太晚没机会了，而要考虑自己是否走在一条跟风的道路上？是否运用创新思维及时调整了自己的战略和战术？做到这些，相信你的企业一定可以鹤立鸡群，立于不败之地。

在这个世界上，只有想不通的人，没有走不通的路。想通，靠什么？靠思维的裂变。无论你是在职场打拼的白领，还是一个在商业江湖中拼搏的公司老板，很多时候都可以通过思维的裂变而实现自己人生的巨变。

如何成功上位——跳出"盒子思维"

人生如何才能成功上位？

按照常规理论，专注于一个领域，5年可以成为专家，10年可以成为权威，15年就可以成为世界顶尖。这也就是说，只要你能在一个特定领域，投入7300小时，就能成为专家；投入14600小时就能成为权威；而投入21900小时，就可以成为世界顶尖。即使是这样的，你也未必100%能成功上位！因为在这个世界上，被埋没的人才比比皆是。若按照15年的人生规划，虽然成功上位的机会是存在的，但显然还有哪些地方不对劲。究竟哪里不对劲呢？

事实上，如果总是按部就班，成功的机会很难轮到你，专家权威多了去了，你即使熬到15年，也未必就是资格最老最幸运的那一个。那些成功上位、获得巨大成就的人，未必就是各个领域的专家，也未必都必须打一场15年之久的持久战！

你可以通过思维的改变，从而改变人生。思维如何改变呢？第一步就是打破常规。只有不按常理出牌，你才有可能打赢这场非同寻常的战争。

很多人之所以原地踏步，人生长年不见起色，其根本原因就是跳不出个人思维的小圈子。国外有一种盒子理论——Think out of the box，意思就是跳出盒子思维。如果一个人总是沿着一条固定的路线思考，就会眼界狭隘、畏首畏尾，丝毫不敢打破条条框框，这个人在领导眼中或许是个好员工，中规中矩，做事有条不紊，但由于没有什么特别强大的爆发力和创造力，只能做一个平庸的中层人员，要想晋升就会十分困难！即使是创业，这种人推出的产品和服务也是以跟风为主，不会有切合市场需求的创新，更不敢做第一个吃螃蟹的人！山寨和抄袭是这种人最擅长的本领。

在世界上，这种人很多。他们或许可以混个温饱，但要想做出一番伟大的成就，那就不可能了。真正能够改变世界的往往是那些跳出"box"的人！因为他们敢于一反常规，出奇制胜。

苹果公司大神级教主史蒂夫·乔布斯，就是这样一个人物。他曾说："我一个人，只要给我一张桌子、一台电脑，我就能改变世界，我的身后有全世界的供应链。"他这样说并非狂妄，一方面是基于他与众不同的思维能力，另一方面是基于他不按常理出牌的反常规行为。他非常推崇反常规的做法，认为只有颠覆传统才能成就未来。乔布斯的座右铭是："成为海盗比加入海军更好。"他说："海盗往往比海军更具叛逆性。人们很多时候不会去做伟大的事情，因为没有人要求他们去尝试，也没有人会说'去做伟大的事情'，所以很多人选择做一名海军，适应按部就班的枯燥生活。选择成为一名海盗，则意味着脱离常规的束缚，一小群人做一些伟大的事，并在历史的长河中被铭记。"

是的，有梦想的人会选择做一名海盗，而不是做海军中的普通一员。如果做海军，你将被淹没在队伍中，没有人看得见你，你也将很难有出头之日。既然选择了平庸，就不要抱怨为什么总是与平庸为伍。而如果选择做海盗，虽然总在颠簸风浪中度过，但你的人生将充满无数可能性，甚至你可以创造一个奇迹。

要想逆袭，必须具备反常规思维，颠覆日常生活中已习惯了的观念和行为。凡是能够在某个领域做出成绩的人，不只是靠着熬时间混出的老资历，更是靠着他别具一格的思维能力。一个人的成功，归根结底是其思维的卓越。

香港导演徐克是有名的鬼才，他在拍电影的时候总是不按常理出牌。比如，在拍摄《狄仁杰之通天帝国》时，徐克希望能给观众带来更多的新鲜感，于是白发神探裴东来的造型，惊爆了所有人的眼球。这一角色的饰演者邓超说："徐克导演的作品，有很多让人难忘的经典造型、角色，他几乎不会放过任何一个角色，而且他永远想在我们前面。"对于这种反常规的思维和创意方法，徐克用一句简洁的话来表明自己的态度——"反常规才有趣"。

在娱乐圈是这样，在其他领域也是如此，大众对司空见惯的事物都麻木了，只有反常规才能刺激大众的眼球，让大众关注你，只有这样你才能成功逆袭人生。这个世界已进入了互联网思维时代，各种资讯几秒钟更新上亿条，比原子爆炸还要疯狂，如果你还在规规矩矩地等待幸运女神的光临，相信你一定会失望的。我们必须看到现实世界的变化，然后更新自己的思维，人和人最大的差异，就是思维方式的差异，卓越的思维模式，是你拥有的别人谁也拿不走的东西。一旦你拥有了卓越的思维，也就拥有了开拓梦想的强大实力。

犀利哥，流浪乞丐。身高约 1.73 米，年龄 34 岁，手上总拿一根香烟，穿着磨破的牛仔裤，腰间系着杂色细绳，外穿破旧皮大衣，里面是敞身棉袄。如此装扮另类新奇，气场十足，神情颇有几分像金城武，以及获得奥斯卡提名的日本演员渡边谦。这一形象被网络拍客拍下，传至网上，众网友看到之后，不禁惊叹——世界上怎么会有如此矛盾的存在体？此后，犀利哥迅速走红网络，有网友评价称："那忧郁的眼神，唏嘘的胡茬子，那帅到无敌的梵风衣，还有那杂乱的头发，迅速秒杀了观众。"

犀利哥不按常理出牌的装扮，不仅轰动了中国，而且震惊了世界。英国《独立报》专门刊文报道：他是一个英俊的中国流浪汉，他被称为中国最酷的男人，他的名字我们不知道，只知道他的外号"犀利哥（Brother Sharp）"，他是一个谜。

一个北京老板仔细询问犀利哥的身高与体型后，说愿意按月发工资，他只需穿着他们公司每季推出的新装，对着镜头说"茄子"。一个河南老板邀请犀利哥担任其公司形象代言人。甚至，犀利哥还进军影视圈，参演了电影。

综观那些辛苦工作几十年的人们，有如此之快的上位速度吗？在我们羡慕之余，先来分析一下犀利哥的成功秘诀。秘诀很简单，关键就在于他的反常规思维，虽然不是刻意为之，但他的所作所为都暗合了创新的规律。胡乱的混搭，胜过了墨守成规，一不小心就可以成为经典。对于那些有理想的人们，只有打破大众习以为常的思维定势，成为大众话题，成为大众关注的焦点，你才能拥有逆袭人生的可能。

上天给我们每个人都发了一副牌，有好牌，也有坏牌，只有那些能够打破思维定势，跳出思维"盒子"的人，才能将坏牌打赢，成为人生牌局中的常胜将军。

勤于思考和勤于四肢，你属于哪一种

你见过肚脐眼长在脚底下的人吗？

听到这话，相信你一定会摇头。

的确，这样的人分明就是怪物嘛，有谁见过？但是，我告诉你——我本人就亲眼见过，而且还不止一次。这是怎么回事呢？事情是这样的，小时候，我的不少小伙伴都喜欢练倒立功——你想，当人倒立的时候，肚脐眼不就在脚下面了吗？

很多时候，看似不可能的事，只需转换一种思维方式，就会得出不一样的答案。人生也是如此，看似不可能改变的命运，不可能突破的困局，也许转换一下思路，你就能找到全新的出路，踏上金光闪耀的成功大道！

广告大师奥格威说："天才极有可能在不循规蹈矩者、特立独行者与反叛不羁者中产生。"什么是天才？其实就是思维跟我们不一样的人。他们的想法天马行空，狂放不羁。这样一来，我们就会看到他们与众不同的创造力，以及与众不同的成就。

　　很多科学家运用新思维进行发明创造，为人类生产、生活带来了很多便利。如英国科学家汤姆逊发明冷藏技术，运用的就是典型的新思维。事情的经过是这样的——

　　法国微生物学家巴斯德通过研究和实验，得出细菌是可以在高温下被杀死的。根据这个研究成果，他得出食物是可以经过煮熟而进行保存的。很多人只是在运用巴斯德的这个结论，而汤姆逊看到这个结论之后，大胆地想象——既然细菌能够在高温下被杀死，那么也就有可能在低温下被杀死，这样一来，食物就不单单可以煮熟之后保存，也可以通过冷冻来保存。有了这样的想法之后，他开始深入地研究，功夫不负有心人，他终于发明了冷藏技术。

　　如今，冷藏技术普遍应用在空调、冰箱等电器设备上，大大解决了我们所面临的苦恼和麻烦。通过冷藏技术得以发明的事例，我们可以看到，汤姆逊所采用的，和爱迪生发明留声机所运用的思维模式相同，即逆向性思维。由此可见，逆向性思维有时很有助于我们解决问题。

　　在这个世界上，什么样的人才是牛人？一言以蔽之，擅长解决问题的人。你解决问题的大小，决定了你成就的大小。那么，如何才能让自己成为问题处理专家呢？绝对不是你的力气大、拳头硬就可以的，现代社会比拼的不仅是体能，更多的是思维模式的优劣。你有什么样的思维，就有什么样的解决之道。思维能力越强大，你解决问题的能力也将越强大！从这个意义上说，要想成为牛人，首要的任务就是锤炼你的思维。

虽说经历越多，思维越丰富，但并不总是如此。有时候，年龄越大，思维越固化死板，而年龄小的孩子和青年人，却可能有更加独特的思维。因为他们的大脑，还未被琐碎的杂事塞满，更没被以往的经验灌死，他们的大脑充满了无限的可能性，他们的思维有时候更具有一针见血的穿透力。

距离华盛顿67英里，有一座美丽的乡村，村里有一家三口，年轻的爸爸杰克、妈妈艾丽莎和5岁的儿子吉姆。因为工作原因，他们打算搬到华盛顿去住，于是四处寻找合适的房子。为此，他们奔走了一天，直到傍晚，才看到有适合的公寓出租。风景很好，交通也非常便利，一家三口很欣喜，他们开始敲门询问房租的价格。门开了，房东是一位看起来非常慈善的老人。不过，当他打量了面前的这3位客人后，这位温和的老人无奈地说："真遗憾，实在对不起，我们公寓有规定，不能租给带孩子的住户。"听到这里，丈夫和妻子对视一眼，他们带着一位5岁的孩子，这确实不符合规定。对此不抱任何希望的父母，带着孩子慢慢走开。故事结束了吗？没有！

5岁的吉姆，把父母亲为难的一幕看在眼里。他是一个非常机灵的孩子，平时就很有自己的一套鬼主意。他脑海里一直在思考这个问题：难道真的就没有解决办法了吗？肯定会有办法的。忽然，一个想法出现了，吉姆拉着父母，开心地返了回来。这次，吉姆伸出他稚嫩的小手，再次敲开了房东的大门。门开了，吉姆兴奋地说："老爷爷，我想到解决问题的办法了，按照规定，公寓是不能租给带孩子的租户，对吧？现在，你的这个房子我租了！我完全符合你的条件，我没有孩子，而且我只带来了两个大人。"房东听了孩子的话，哈哈大笑，不再顾忌规定，决定把房子租给他们。

打破常规思维，小吉姆成功达到了租房的目的。所以，即便在日常生活中，创新思维也同样有用。优化自己的思维，让自己的思维升级，这样你就可以占领人生的制高点。那些思维僵化、不懂思维变通的人，总是朝着一个方向奔跑的人，很难拥有大的成就。

从人生追求上来说，常规思维的人追求平稳、安逸，多一事不如少一事，大脑懒惰，所以显得呆板和保守；而思维活跃的人则恰恰相反，追求的是创新、改革，哪怕在大家都习以为常的事物中，也要琢磨更便捷更有效的解决方案。他们擅长追根究底地寻找解决问题的办法，不轻易放弃，喜欢挑战，并以积极的态度勇往直前。在这个竞争激烈的时代，唯有优化思维才能进步。赢家总是在不停地转动脑筋，寻找各种办法，去解决任何看似难以解决的问题。那些成功的人看似四体不勤、坐享其成，却每天吃香的喝辣的，其实他们忙得很！他们忙的是大脑！他们的大脑时刻都处在思考中。他们思考最新的商业动态，以及最佳的商业模式，等等。他们的思维在琢磨成功之道，并在这条道路上获得惊人的成绩。

那些失败的人呢？看似每天在奔波劳碌，其实做的都是无用功。因为他们的大脑在沉睡，他们跟随别人的思维而跟风盲动。从根本上说，要想改变命运，一个人要勤奋的是大脑，而不只是四肢。思维模式决定思考方式，思考方式决定眼光，而独到的眼光，直接决定你人生成就的大小。

勤于四肢，只能被他人奴役；勤于思考，才能改变命运！为了让每天的生活充满正向能量，为了让事业成功，你需要启动你的大脑，优化你的思维。每当遇到难题时，就让思维的运转带给你意想不到的惊喜吧。

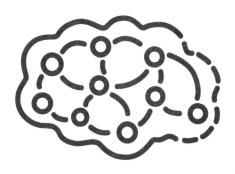

第二章

变通思维，助你人生一路畅通

每当陷入思维死胡同时，我建议你不要跟自己过不去，你完全可以换个角度，开启一种新的思维模式，这样你将看到不一样的风景，你所面临的问题，也许就会迎刃而解。

用思维破解人生难题

一个人的命运与思维方式息息相关。不管你是否承认，这都是不容置疑的事实。很多时候，我们之所以会屡屡碰壁无路可走，并不是你的力量不够，而是思维出现了偏差。这个时候，我们换一种思维方式，人生中的很多难题就会迎刃而解。倒推思维便是其中的一柄利刃。

有一位土耳其商人，打算雇用一名得力水手。通过层层筛选，最后有两名势均力敌的优胜者，这两人都很优秀，但只能留下一名。如何从中选出一名得力的人员呢？这位商人冥思苦想，终于找到一个测试方法：他让两名应聘者同时进入没有窗户的房间。商人拿出一个盒子，说："我这里有5顶帽子，有2顶是红色的，3顶是黑色的，现在我把灯关上，从盒子里每人拿出一顶帽子戴到头上，然后打开电灯，你们要迅速说出自己头上帽子的颜色。"

灯开了，甲乙看到商人头上戴的是红色帽子，他们互相看了一下，乙迟疑着不敢说出答案。这时，甲大声说："我头上的帽子是黑色的！"

他被录取了。

那么，他是如何猜出来的呢？

其实，他运用的是从果推因的倒推思维。土耳其商人头上戴的是红帽子，剩下的就是1顶红帽子和3顶黑帽子。甲见乙犹豫着不能立刻说出答案，于是推断出自己头上的帽子肯定是顶黑帽子，因为如果自己头上是红帽子的话，乙就会立刻猜出自己头上的帽子是黑色的。他从乙迟疑的表情结果上倒过来推，得出了正确答案，从而改变了自己的职场命运。

美国政治家舒尔茨说："理想犹如天上的星星，我们犹如水手，虽不能到达天上，但我们的航程可凭它指引。"我们每个人都是水手，正是在头顶星光的指引下，我们才能勇往直前。

达到理想是想象中的一个结果，而现在的努力和奋斗是因，必须付出艰辛的努力才能得到美满的结果。从某种意义上说，人生的奋斗过程也是一种从果推因的历程。

我们的人生需要思维来改变，而这一切首先需要思维的实践。在具体的运用中，从果推因的逆向性思维存在以下三个特点：一、我们必须知道或者看到未来的"结果"；二、必须明确和了解事情的"起因"，清楚自己要做什么，以及需要具备一些数据；三、必须熟悉在"起因"和"结果"之间的路线地图。

只要我们明确了这三部分，就能够自由地运用逆向性思维，让自己在由"因"及"果"的奋斗中，更具有针对性，能够更便捷地达到自己的理想。

20世纪中期，科学家们发现地球大气层臭氧含量有所减少，同时在南极上空还发现了大量的臭氧层空洞。由于臭氧层的减少，人类的生命安全正在遭受太阳强紫外线的威胁。那么，引起这种结果的原因是什么呢？

在得到这一结果之后，科学家们从果到因开始了推理。

1974年，化学家罗兰得出结论，氟氯烃不会在大气层底层很快分解，但一旦到了平流层，氟氯烃分解臭氧分子的速度就会很快，远远快于臭氧的生成过程。这样一来，就造成了臭氧层的损耗。因此，他得出氟氯烃是使大气臭氧减少的罪魁祸首，也是出现臭氧空洞的直接原因。正是从臭氧层出现空洞的结果开始，罗兰查找到了原因，从而成为世界科学界的著名人物。

做学问如此，生活中也如此。我们都是先知道自己要去哪里，曾经从哪里来，中间要经过哪些险滩，这样才能无惧风雨，抵达目的地。比如，你知道从纽约到伦敦的路线，然后当你从伦敦返回纽约时，一样可以顺利到达目的地。因为你掌握了一种从果推因的思维技术。

从果推因的逆向性思维，不仅可以改变自己的命运，还可以拯救他人。曾有一支考古队在勘察中迷路，在大漠荒野之中，看不到任何有标志的东西。这个时候，应该怎么办呢？在大家都一筹莫展的时候，有一个队员说，我可以帮大家走出迷局。原来是这样的，他从一开始就将走过的路线做了记号，通过倒推法轻松找到返回的路，从而让全体队员顺利走出困境。

人生路上，如果你知道了自己未来的人生目标，你就会格外努力，将更容易获得成功。如果你看不到目标，就会像无头苍蝇一样乱窜。为了改变现状，就要从想象中的目标往回走，寻找解决办法，直至成功。逆向性思维同样可以运用到创意中。创意倒推法是一种很强大的思维工具，能够让你快速成为创意专家。

创意并非从天上掉下来的，创意是完全可以通过思维训练而获得的。如果想要获得创意，你可以从"终点"想起，先明确你想要什么样的创意结果，然后再琢磨达到这样的结果需要做好哪些准备，然后再开始一步步推向"起点"。这样一来，一条创意脉络就完整显现出来了。

从这个意义上来说，我们每天都需要花费两个小时来"放空"自己。然而，对现代人而言，放空是很难的。大家都很忙，会说："啊，我每天都在加班熬夜赶时间，你竟然还让我放空？"是的，哪怕每天再忙，也需要将自己放空。很多创意的产生，并不是在大脑里填塞的东西越多越好，而是越简单直接，越容易达到效果。创意倒推法的实践成功与否，取决于你大脑里的思维是否简单、清晰。

思维就是这样神奇，哪怕你在现实生活中沮丧失意，很难看到出路，哪怕你的事业看似走进了死胡同，你一样可以柳暗花明。关键就看你能否从烦琐的思绪中找到明确的方向，找到人生的目标，设想自己未来要成为什么样的人，然后从这个人生目标进行逆向思考，看你需要怎样奋斗才能实现这个目标。路线图清晰之后，认真将其付诸行动，你就能切实地改变自己的人生。

打破常规——人不动也能走

什么？人不动也能走？我怎么从来没见过？！

当你听到这种说法时，是不是会大吃一惊？这当然是每个人最正常的表现。你之所以会惊奇，是因为我们大家都习惯了常规思维，认为超出我们理解范围的东西都是虚假的。难道真的如此吗？其实，我们每天都在经历"人不动也能走"的事实，只是你没有认真观察而已。比如，当我们乘坐电梯时，我们待在电梯里，身体丝毫不动，但我们的位置却在向上快速攀升。当我们乘坐飞机时，我们的身体也是静止不动的，可事实上我们却在飞。流水线工厂里，产品无人搬动，它们依然在快速地移动位置。这些都是人类运用创新思维而创造出来的工具。如果我们安于顺向思维，则只能自己一步步地爬楼梯，当然，辛苦是不可避免的。因此，人类社会的改变是靠思维的颠覆来完成的，只有打破常规模式，人类才能获得惊人的进步。

不仅人类社会如此，人生也一样。我们每个人都在这世上奔波，有的人一生辛苦，累个半死；有的人吃香喝辣，悠然自得。相信每个人都不希望自己疲于奔命、一事无成，因此便需要好好修炼，优化自己的思维模式，拓展自己的创造和创新能力。我们需要明白，在这个世界上，并不是向前冲锋就能进步，有时退后反而是前进。在现实生活中，很多愣头青不顾环境与时机是否成熟，硬碰硬地顶撞强权，结果落了个粉身碎骨的下场。相反，有的人擅长迂回策划，很顺利地解决了所面临的问题。这正如人在起步之前，往往会后退几步。这，看似退步，实则是人生的跨越。

面对商业，也是同样的道理。李嘉诚曾说："如果利润10%是合理的，11%是可以的，我只愿拿9%！"只有不贪婪，让一步，后面才有更多的生意源源而来。正因为这样，李嘉诚越是不贪图利润，越是赚得盆满钵满，事业如日中天，人生更是顺风顺水。综观商场上的各色人等，有几人能够做到这一点？太多商人唯利是图，不择手段。不追求天长地久的生意，只追求一锤子买卖，不管是谁，凡是过往客人，都要雁过拔毛——哪怕明天生意破产，今天也要把你掏空榨干。这种不顾长远、只看眼前的思维模式，必将导致一场商业灾难。如果一个商人给人造成这样的印象之后，就不要抱怨合作的客户越来越少。毕竟，没一个人是傻子，你可以骗得了一时，却无法骗得一世，迟早有一天会把自己的饭碗给打个粉碎。所以，要想获得生意上的长久，追求更多的利润，反而需要让出更多的利润给客户，同时诚信经营，赢得每一个客户的信赖，这才是基业长青的道理。

在娱乐圈，新思维也一直在改变着我们的技术和手段。可以说，如果没有新思维的运用，就没有我们今天精彩纷呈的电影艺术。

在电影刚刚发明出来的 20 世纪，人们放映电影之前都需要先把片子倒过来。可是，在法国一家电影院里，由于放映员的工作失误，在放映《跳水女郎》时，闹出了一个大大的笑话。这位粗心的放映员，竟然把已经放映过没有倒带的片子拿出来放映了，于是影片中出现了这样一幕：先是一池清水，冒出一个个水泡，接着水晕向四周荡开，然后水中露出一个头朝下脚朝上的女子。空中划出一条弧线，跳水女郎站在跳台上起跳……这奇特的一幕，把观众看得目瞪口呆，不知道是怎么一回事，等到电影放映员发现之后，他才意识到是自己忘了倒片，于是他立刻关掉机器，打算倒片之后再重新放映。他以为自己这次闯了祸，耽误了大家的观影时间，很是抱歉。可令他没想到的是，场内的观众不但没有指责他，还突然大叫道："就这样倒着放吧，这样也挺好看的。"由于这位放映员的一个失误，却给人们带来了意外的收获——原来电影还可以这样看，太刺激了！

这则逸事不禁让细心的电影人有了思索，影片既然可以倒过来放，那也一定可以倒过来拍摄，于是出现了"电影特技摄影"，这一特殊的电影拍摄技术就来源于此，这一技术大大丰富了电影画面的呈现效果。

在任何一个行业，思维创新都至关重要。可以说，任何一个行业的精英人物，都不是偶然冒出的，他们的思维都有着与众不同的一面。在司空见惯、习以为常的事物中，发现不一样的东西，从而创造出奇迹来。他们的成功是思维的成功，他们的事业是卓越思维能力的直接体现。在我们的日常工作与生活中，逆向性思维、多元性思维、预测性思维，都是处理问题的利器，可以让我们在看似无解的纷繁局面中迅速找到解决问题的突破口。

当我们知道了这些思维模式、思维角度和运用方法，并且有意识地暗示自己进行尝试和强化，你一定会获得令人吃惊的成果。

陷入思维死胡同，应该怎么办

月有阴晴圆缺，人有旦夕祸福，我们每个人不可能干什么都顺风顺水，总有遇到困难、烦恼难以排解的时候，这时我们就容易钻牛角尖，走死胡同，眼中看不到任何风景，一切都是惨云愁雾。很多时候，我们其实只是自欺欺人，被自己的思维给蒙骗了。每当陷入思维死胡同时，我建议你不要跟自己过不去，你完全可以换个角度，开启一种新的思维模式，这样你将看到不一样的风景，你所面临的问题，也许就会迎刃而解。

有两位教徒曾想在祈祷时抽根烟。教徒甲问牧师："请问我可以在祈祷的时候抽烟吗？"牧师听到教徒甲的话非常生气，回答说："不可以！这对上帝太不尊敬了！"教徒甲沮丧地回到了座位上。过了一会儿，教徒乙走上前去，问牧师："你好，牧师先生，请问我可以在抽烟的时候祈祷吗？"牧师高兴地回答："当然可以！"

同样一件事，只因表达方式不一样，得到的结果便截然不同。为什么会这样呢？这是因为人的思维是存在漏洞的，甲正好撞上牧师思维的枪口，必定被拒绝无疑。而乙则计算好牧师的思维漏洞，乘虚而入，让牧师没有任何防备，放下警惕心和抗拒心理。由此可见，善于利用思维这项武器，可以帮我们化解生活中的很多难题。当我们遇到挫折时，请先不要懊悔或自暴自弃，而应该让自己换一个角度思考，一旦寻找到合适的、全新的角度，事情就会有转机。

很多事情就是这样，看似陷入了不可解决的死角，可未必真的就没任何解决办法，这只是你的思维陷入了死胡同。事实上，解决的办法有千万种，每一种都在你的思维之外。要想从根子上解决问题，就需要我们透过现象看本质，不要相信表面上看到的东西，而要进入一个全新的思维轨道——只需要换一种思维模式，你将发现一切竟如此简单。

当年在挖掘特洛伊古城时，有位英国考古学家发现了一面古铜镜。这是一面背后雕刻着古怪铭文的铜镜，没人知道这是什么字，请教了很多专家，最后也没弄明白。这位考古学家，直到去世都不曾破译其中的奥妙。

20年过去了，这面铜镜依然孤零零地躺在大英博物馆里。直到有一天，来了一位年轻绅士。这位年轻绅士在馆长的陪同下，打开保存了几十年的古镜，小心翼翼地将其放到红丝绒上面，又拿出一面普通的镜子，对着那段无法破译的铭文照去。铜镜背后的铭文，在天鹅绒的反衬下，散发出金色光泽，好像在诉说着一个惊心动魄的秘密。这位年轻人微笑着告诉博物馆馆长："你看，其实这面古镜背后的铭文并不难解，只是普通的古希腊文字。不同的是，在雕刻的时候，不是从文字的正面来雕刻的，而是按照镜子里面的文字图案雕刻上去的。"看着镜子后面那些熟悉的字体，缓缓读道："致我亲爱的人：当所有的人认为你向左时，我知道你一直向右。"馆长说："真可惜，我们从来没有想过这样去破解难题。"

听到馆长的话后，年轻人也非常遗憾地说："是呀，不过最可惜的是，我祖父耗尽了毕生精力，也没破解出这些文字的奥秘，他一定没想到，他浪费了那么多的宝贵时间，结果竟然如此简单！"博物馆馆长沉默了一会儿，感慨地说："或许你以为他一直向左，其实他一直在向右。"

这是一个思维卡壳的典型案例。万事万物往往如此，方向有时比努力更重要。打破思维定势就是一种有效的思考手段，当大多数人都一窝蜂朝着左边奔跑时，其实真正的目的地在右边。真理并不一定掌握在多数人手中，而可能就握在少数人手里。这些少数人并不是什么先知圣人，只是他们擅长运用发散性思维，善于及时调整思维模式和思维方向，能在大多数人思维卡壳时，换一种全新思路。

在人生长河中，我们必然会遇到各种各样的挫折，但挫折并不可怕，天无绝人之路，关键是你的思维是否走进了死胡同。如果你能换一个角度思考问题，那么，挫折也将成为你成功的助推器。正如有人所说：困难就像弹簧，你弱它就强，你强它就弱。

我见过很多喜欢抱怨的人。每天不是抱怨天气糟糕透了，就是抱怨自己事事不顺心。上天真的对他不公平吗？事实上，是他的思维出了问题。我认为：你看到什么样的世界，正说明你有什么样的思维，为什么不换个方位看问题呢？如果你感觉自己长相不佳，你可以尽情展现你的美丽笑容，你这样做了吗？虽然月亮的阴晴圆缺我们左右不了，但你可以改变自己的心情，让自己保持乐观、开朗。这就是积极的思维方式，这种思维光芒将照亮你的人生。

作为生活在当下的现代人，我们的思维不要停滞不前，而要与时俱进，跟随环境的变化而变化，做一个适应社会而富有精神内涵的人。

如何化不利为有利，把坏事变好事

　　一天深夜，一位物理学家看到实验室的灯还亮着，走进去一看，是他的学生。物理学家问："你晚上在干什么？"学生回答："我在做实验。"又问："白天你在干什么？"答："我白天也在做实验。"物理学家勃然大怒："我问你，一天到晚做实验，你什么时候进行思考？"

　　原以为要受到称赞的学生，竟受到了导师严厉的批评，这似乎不近情理。可细细想来，又不禁为物理学家独特的育人思维而喝彩。试问，一个只知按部就班做事而没有思考意识的人，将来又怎么可能有所作为？

　　1988 年 4 月 28 日，隶属美国阿波罗航空公司的一架波音飞机起飞后遭遇不测。飞机的前舱顶部被掀开了一个 6 平方米大的口子，就在飞行员紧急迫降过程中，一位空姐不幸被气流从这个大口子里抛出而牺牲，值得庆幸的是其余89位乘客侥幸生还。

这件事报道出来之后，一些竞争对手，开始有意识地对此事进行大肆宣传，以此打算使波音公司陷入财政危机而破产。

不可否认，造成这样的事故，波音公司自认为都难辞其咎。因而并没有对竞争对手的攻击做过多的回应，他们所做的只是调查此事发生的真正原因。原因很快被找到，原来是因为飞机太破旧，已有二十多年的飞行史，起降无数次。假如不是因为飞机质量过硬，恐怕死去的远远不止一个人，甚至可能是全体机乘人员。这一结果恰恰能够说明，波音公司制造的飞机，质量是值得信赖的。

于是，波音公司从这一点出发，开始发表言论。公开真相，使人们都知道了造成这次事故的原因。后来境况出乎意料，波音公司飞机的销量不但没减少，甚至还比前一年好很多。

事故发生后，波音公司没有表现出手足无措，而是进行了理性的分析和处理。将那些不利于自己的条件，转化为有利条件，从而获得了成功，给了未来一个好出路。我们知道，任何事物都具有两面性，既有利也有弊。利可以转化为弊，弊也可以转化为利，当我们打破传统思维，从全新的角度看待问题，你就会发现不一样的结果，这也就是我们常说的"好事可以变为坏事，坏事也可以变成好事"。

　　在一次联合军事演习中，秘鲁的一艘鱼雷潜水艇，正为演习做准备。突然，这片海域上来了一艘日本渔船。秘鲁的鱼雷潜水艇躲避不及，在上浮的时候与日本的这艘渔船猛烈相撞，不幸的事情随之发生，秘鲁潜水艇的船长与6名士兵当场死亡，剩余之人随着潜艇沉入33米深的海底。

　　被困鱼雷潜水艇里面的这22人，想了很多种办法，希望能够逃离这艘被撞坏了的潜水艇，可事情并不像想象的那么容易。潜艇严重变形，根本就没办法出去。看到这种情况，有一些胆小的士兵开始打起了退堂鼓。甚至有一位胆小的士兵开始悲观地认为，他们只有困死在潜水艇里这一结局。有士兵安慰他说："别灰心，我们大家一起再想想办法，也许能够找到别的出路。"

　　突然，鱼雷发射手灵光一动，想到了一个奇特的办法，为什么不能把人像"发射"鱼雷那样"发射"到海面上呢？这句话提醒了代理艇长，他做了一个大胆的决定：反正横竖都是死，那还不如试试这个方法呢！于是，他告诉大家说："等会儿轮到你们出潜水艇之前，尽量呼出肺里面的空气，然后开始憋气30秒钟，记住，一定要憋气，根据我的估计，30秒的时间足够从海底到达水面。"

结果真的很棒，水兵们忍受着压力的剧烈变化所带来的巨大痛苦，一个个被发射到水面。只有一个人因为脑部出血而死亡，余下的21人全都安然无恙。

在万分危急时刻，能够想到把人像鱼雷那样发射到海面上去，可以说是闻所未闻！然而，为了死里逃生，只有一试，他们把这种荒谬的想象变成了现实。结果令人十分意外和感动。在紧急关头，创新性思维起到了关键作用，把不利条件变成了有利条件，把坏事变成了好事。

有时候，现有的习惯和知识局限了我们的视线，使我们看不到事物具有的两面性。因此我们需要克服这些局限，拓宽我们的视野。

在英国，有位丈夫由于迷恋足球，达到了让人不能容忍的地步，他的妻子把足球生产商告上了法庭。这位妇女的理由是由于丈夫迷恋足球，影响了他们之间的夫妻感情。要求足球生产商赔偿她精神损失费 10 万英镑。按说这是一桩毫无道理可言的案件，可最终结果竟然是这位妇女大获全胜。

其中有什么秘密？原因是什么？

原来，这家足球生产商一开始对这一指控也是置之不理。可后来在律师的建议下接受了这位妇女所要求的条件。律师的建议是：这位妇女的指控确实很离谱，可这恰好能证明贵公司足球的魅力，你们可以借着这件事来给自己所生产的足球造势，做一次奇妙的广告。果然，这一官司引起了媒体的大肆宣扬，这家足球生产商名气大振，足球的销量翻了整整两番。自然，带来的收益，要远远高于赔偿的那 10 万英镑。难怪这家足球生产商的老板会说："我们仅仅花费 10 万英镑，就做了一次价值 100 万英镑的绝妙广告。"

本来妇女状告足球生产商，对足球生产商的声誉应该是有负面影响的，可在律师的建议下，这一官司变成了一次宣传其所生产足球魅力大的广告，把一桩离奇的官司，变成一件双赢的好事。这不得不说是打破常规、拓展多角度思维的独特之处。

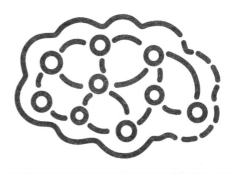

第三章

思考致富——"点石成金"的思维之道

　　一个好的创意可以价值连城，所以创意思维是穷人翻身的一种武器。用广告大师李奥贝纳的话说就是："伸手摘星，即使徒劳无功，亦不致一手污泥。"等你学会将创意思维与市场相结合，财富的获得对你来说将是轻而易举的事。

你是个有想象力的人吗

在这个世界上，什么东西最具潜在价值？

有人回答——贬值的货币或黄金，错！升值的房子和股票，错！知识或人脉，错！那究竟是什么？是大脑里的思维。你的大脑里有什么，决定了你会做什么，能拥有什么。也许，你上一刻做着天马行空的梦，下一刻它就可能变为现实。

想象力是思维的舞蹈，也是思维能力的体现。关于想象力，爱因斯坦曾这样说过："一个人的知识是有限的，而想象力概括着世界上的一切，想象力能够推动世界的进步，是知识进化的源泉。"的确如此，没有想象力，这个世界将荒芜一片，人类将停留在原始状态。我们正因为有了关于住房的想象，于是才走出山洞，建造了房屋。人类正因为有了对驯服动物的想象，于是才有了家畜饲养。人类正因为有了对服装的各样美好想象，于是人类不再穿树叶兽皮。如今人类生活所需要的各个环节，都是如此丰富多彩，让人眼花缭乱，而这些都是想象力的产物。

想象力是产生奇迹的关键。有不少人通过想象力，在别人放弃的领域里取得了价值惊人的成就。从某种意义上说，想象力与财富息息相关，你的想象力也可以转化为利润。你只要拥有了想象力，同时善于同市场联系，那么你实现不菲的成就，也将是大概率的事儿。

美国位于加州海岸的一个城市，建筑用地非常昂贵。因为市里适合建筑的土地都已被开发。大家也许会问，既然市里的地没了，去市郊找啊。不幸的是，这座城市的一边是陡峭的小山，很难开发；另外临海的一边，又是潮汐地，涨潮被淹，退潮露地——这样的地自然也不适合建造房屋，难道这座城市里再也找不到适合建筑的土地了吗？

当然不是，找不到合适的土地，是因为你的思维有了局限，想象力受到了禁锢。有一天，这座城市里来了个人，听完别人关于土地的议论，他兴奋地发现自己赚大钱的机会来了。他先买了那些山势太陡无法使用的山坡地,接着又买了那些每天都要被海水淹没一次的低地。因为无法利用,所以他购买的价格很低。一时间,嘲笑声不绝于耳,很多人说他肯定会赔掉这次买卖。可很快他便用事实堵住了别人的嘴巴。买地之后,他又买来炸药,雇了铲车和汽车。他先将小山炸松,然后用铲车将其铲平,最后多余的土用汽车运到海边填高低地。这样一来,废地变宝地,小山和潮汐地价格拔地而起,价值连城。

这两块地变了吗?没有!只是地上的山变了,搬了个家,潮汐地被填高,变成了"宝地"。诚然,每个人都可以是梦想家。很多时候,只要敢想、敢做,那么财富和成功便会不期而至。做梦不只是小孩的事,想象也不仅仅局限在孩子的画笔中。别让思维禁锢了你前进的步伐,每天花一些时间,来拓展自己的思维,培养自己的想象力,很快你就会发现,那些曾经的困惑迎刃而解,而且你会像孩子一样乐在其中。

成功并不像你想得那样艰难,事实上,只要你的思维能够改变,尽最大可能拓宽思路,你就能为自己找到新的方向。你也会发现,很多事业就是在玩乐和游戏中轻松做大的。思维并不是什么晦涩的科学,而是真切发生在我们日常生活中的活动,它看似不存在，其实如影随形，融入你的一举一动，嵌入你身边的一切环境之中。

有个人经营一家旅馆。由于经营不善，旅馆面临倒闭，阿凡提经过这里，他给老板出了一个主意，将旅馆的周围墙壁进行重新装饰。夏天的时候，墙壁的颜色涂成绿色；冬天的时候，墙壁的颜色涂成红色。旅馆老板按照阿凡提说的那样做了之后，果然生意兴隆起来。

这是为什么呢？

其实非常简单，不同的颜色能够产生不同的心理效果，从而吸引顾客的注意。一般情况下，绿色容易使人产生清凉的感觉，而红色容易使人产生暖暖的感觉。因此，只是在不同季节换了墙壁的颜色，旅馆的生意就改变了很多。颜色变化之中，转化的不过是人的思维。人们通过颜色想象冷暖，恰好阿凡提利用了这一点，去想象去实现转变。在这样的思维中，一旦你能切中要害，进行想象，你也就能成为点石成金的高手。你的想象力越丰富，你的思路就会越多。当然，你的路也就会越走越宽，视野也就越开阔。

想象力具有超强的心理暗示作用。记得西方有一篇很短的科幻小说，只有12个字——"那天早晨的太阳从北边升起"。看到这句话，你想到了什么？假如太阳真的从北边出来，那意味着什么？整个地球的生态严重颠覆：气象颠倒，气候失常，整个地球的生态环境发生了剧变，人类将何去何从……你看，仅仅12个字，就让你从中看到了无限的东西！这就是想象力的可怕之处。如果想象力真正和现实挂钩，那么，一切皆有可能！所以，如果你钻进了思维的死胡同，那你不妨放开大脑，像个孩子似的天马行空畅想一番。很快，你便会看到无限惊喜！你将发现自己的生活与工作，都获得了意想不到的转变。

人生成功的根基同样源于想象力。没有最初的"想象"，一切都无从立基。如果财富和成功在杠杆的这头，你在杠杆的那头，想象力就是杠杆的支点。因为有了关于成功的想象，你才有成功的可能。而想象力的根源，在于思维。你的思维越开阔，你的想象力就越发达。而思维模式，不外乎创新性思维、变异性思维、多元性思维、预测性思维、差异性思维、逆向性思维六大类。当你遇到问题或困境时，你就提醒自己，采用这几种思维模式，换个角度去尝试着思考一下。世上没有解决不了的问题，只有没有想到的方法。一旦你形成了多角度、多策略的思考方式，那你解决问题的能力、开拓创新的能力，就将大幅提升，你也将能够更快地实现自己的人生价值。

大胆想象，大胆创造

人的思维，没有疆域。你可以幻想自己是美国总统，也可以幻想自己是华尔街上流浪的乞丐；你可以幻想自己是著名画家毕加索，正邂逅一名貌美如花的女子；或者你也可以幻想自己是埃及艳后，正经历伟大的战争和绝世的恋情……总之，你的想象没有界限。

你的想象没人可以阻止，在想象中你能体验到一种内心的满足，能感受到世界的丰富和精彩，能感受到人生的美妙！甚至，在想象中你能不知不觉间迸发出一个绝妙的创意，这创意能让你取得巨大的成功！这绝不是说笑，在今日的商业环境中，想象力正一天天发挥着重要作用，从圆桌会议到头脑风暴，再到高手在民间的全民创意，可以说，想象力正蔓延整个地球。凡是我们目光所及之处，都是想象力天马行空的场所！不过，需要注意的是——这里所说的想象，不是意淫和空想，而是一种自由的思维活动。

然而可惜的是，并不是每个人都能做到自由思维。因为自上学的第一天起，就有老师开始教育我们：认真坐好，别往窗外瞅，别走神。是的，走神确实是胡思乱想，可如果连走神都不允许，我们还能干什么呢？自由思维是天才必备的第一要素。只要你愿意，一切伟大的事业，都可以从想象开始去实现。有人想把斧子卖给总统，于是他就真的卖给了总统；有人想把船帆的布料做成工人裤子，然后他便开创了流行至今的牛仔裤。所以，永远不要吃惊于别人做到了什么，而是先去看看别人在想什么。永远不要嘲笑别人的想法。有时候，即使是胡思乱想，也有可能变成奇思妙想。

这个世界越来越开放，界限越来越少。这个时代不再是禁锢思想的时代，而是鼓励大胆想象、大胆创造！你总是躲在龟壳里，或者像鸵鸟一样把脑袋埋在沙堆里，这样你只能使自己的格局越来越小，直到无立足之地。只有大胆地去想，然后筛选可行的方案去执行，这样才能创造更多的机会，让你成长、成功。

在美国，曾经流行一句极具诱惑力的宣言："给你 10 万美元，请你扔掉大学课本，走出校园当老板！"这样的想法不是大逆不道吗？我虽然不赞成放弃学业的做法，但我欣赏这种态度和豪情。很多时候就是这样，只要你拥有能力和激情，哪怕你上九天开展太空旅游项目都可以，哪怕你下九渊挖掘黄金钻石都没关系。这些都是想象力在背后驱动，想象力一旦与现实中的商业模式对接，就会很容易爆发出巨大的能量。

被称为美国"疯子"的亿万富翁蒂尔认为，成功就在于想象力。的确如此，有人曾总结说，蒂尔的成功秘诀其实很简单——永远有奇妙的创意和想法。

蒂尔 1967 年出生于德国，很小时便随父母移居美国，在加利福尼亚州的福斯特市长大。他天资聪颖，下得一手好棋，曾在美国 13 岁以下年龄组国际象棋比赛中获得第七名，后来成为国际象棋大师。青年时期，蒂尔就表现出不羁的性格——对一切新鲜事物都感兴趣，但一旦熟悉了某一领域，就会马上"转行"。

他做过很多疯狂的事，在贝宝公司创立之初，他就曾设想过一个超越常规的"员工福利项目"——建立一个低温贮藏库，将他们冷藏起来，等日后科技足够发达时再予以解冻，从而让他们成为世界上最长寿的人。哈哈，很多人听到这里，一定会哈哈大笑，这不是胡扯吗？然而，这家伙就靠着胡思乱想成为亿万富翁！2008 年，他宣布向一个名为"海上家园"的研究项目投资 50 万美元。他之所以这样做，正是源于他大脑里的胡思乱想，他想创建一种新的人类生活模式：建立永久、自治的海洋社区，进行社会、政治和法律系统的实验与创新。很多权威媒体得知这个消息之后，评论说这个项目是"供富人生活的海上无政府主义试验田"、纯属"技术乌托邦"，永远不可能变成现实。在大众的质疑之下，蒂尔又会怎么做呢？事实上，他不管这些劝阻，更漠视批评、质疑声，他坚信自己的胡思乱想有一定的合理性，他不仅没有放弃，反而向该项目又追加了 35 万美元投资。

他做的荒唐事还不止这些。有一次蒂尔给"玛士撒拉基金"投资 350 万美元。该机构主要工作是研究"如何延长生命"，其创始人奥伯雷·德格雷认为，人类完全可以活到 1000 岁。很多人听到后，一定会认为这是无稽之谈，但蒂尔依然支持这样的胡思乱想。他十分推崇胡思乱想的价值，曾发表如下言论："摆脱社会危机的唯一出路，就是重新回到往日的科幻梦想中。我们应该到 20 世纪五六十年代的科幻小说中寻找答案。"

很多想法看似疯狂，但在疯狂中总有合理的地方，总会有创造奇迹的时刻,而从来不敢胡思乱想的人呢？虽然安分守己，在学校是个乖学生，在家庭是个乖丈夫（或好妻子），在公司是个乖员工——不错，一切都很乖，人人都说是大好人，可惜做什么都平淡无奇，最终不过一个只能人云亦云，按老师、伴侣、上司命令执行的人，很难有创新的事在他生命里发生。因为他们从小就被教导——不许乱说乱动乱想。在世界上这样的人很多，他们没有错，只是按照社会规则按部就班，过着普普通通、波澜不惊的生活。虽说平平淡淡才是真，但上天给了我们美好的生命，我们应该珍惜，要尽可能地去创造奇迹。

也许是由于原本僵硬的教育，使得他们本来拥有的创新思维渐渐枯竭。从原先挣扎着冲破"牢笼"到渐渐习惯正统思维，他们早已忘记了该怎样去发挥自己的想象力。不过，值得庆幸的是，随着社会发展和人们认知思维的提升，那些按部就班的思维开始没太大市场了，而求新求异的创新思维将成为社会的主流趋势——社会，在呼唤这样的人才。

曾有一位心理学教授，到精神病院参观。在准备返回时，他发现自己爱车的一只轮胎被人卸掉，螺丝不知去向。没有螺丝，怎么装上车胎呢？教授很是着急。这时来了一个精神病人，嘴里哼哼唧唧地唱着。看到心理学家被这件事难住了，他哈哈大笑道："这很简单呀！"他拿过扳手、螺丝刀，一番忙活便把轮胎装好了。他是怎么做的呢？原来，他从其他三只轮胎上分别卸下一个螺丝，将这只轮胎装了上去。毕竟，少了一个螺丝并不影响车轮的安全运行。教授惊讶至极，问："你是怎么想到的啊？"精神病人回答："我是疯子，但我不傻呀！"

为什么会这样呢？这是因为大学教授的思维被常规思维给禁锢了，无法做到的反常规思维。而要想打破这一局面，就需要我们能够跳出圈子思考。精神病人正因为非常规思维，所以他们有时才可以解决非常规的难题。从一定程度上说，某些时候精神病人比大学教授还要聪明，因为他们的胡思乱想会帮他们的大忙。

我们的人生也是这样，不要想着自己考上哈佛等名牌大学就万事大吉，就可以功成名就！要知道，人生并不是一场考试，而是一场思维游戏。只有那些能够从胡思乱想中，找到现实解决办法的人才能获胜！而那些大脑懒惰，只知道跟风的人，即使考上世界一流学府，也只能成为成功者的一颗棋子，随时被人驱使和调遣，而很少有能够开宗立派成为叱咤风云的人物。

历史上那些推动人类社会大变革的人，大多数都没什么高学历，这也正说明了一个人受教育洗脑的程度越深，胡思乱想的思维灵性就会越少，乃至被损害到几乎为零的地步。这一方面是目前教育的误区，另一方面是人类思维发展的一个困局。

不过，有人提出疑问，如果胡思乱想变成空想怎么办？从某种意义上，胡思乱想虽然有脱离现实的嫌疑，但如果与行动和市场结合起来，这方面的欠缺便可以得到弥补。我们每个人都生活在现实社会中，无论你如何想象，也不可能完全凭空捏造，都一定会有现实的本源和根据。所以，你的想法不要步入荒谬和虚幻，只要你能拿捏住其中的分寸，就会爆发出意想不到的能量，给你的人生带来巨大的改变和成就。

解决问题的利器：联想思维

很可能，这个社会是人类根据自己的想象创造出来的。上天最早给予我们的是什么？住房只是粗糙的山洞，服装只是简陋的兽皮和树叶。艰难的生活状态，并没能让人类倒退。人类凭借自己强大的思维，将自己从低等动物中挣脱出来，几乎创造出了生活所需的一切东西。而且，这样的创造并未停止，直到现在每天都还有大量的新技术、新事物被发明出来。

人类依靠的是与生俱来的思维和想象力。可以说，没有思维的力量，我们就不可能拥有今天如此优越的生活。每一个时代都有超越众人思维的牛人。他们可以被称为预言家，也可以说是行业的先知。今日的世界，不过是他们昨日的预言。预言和现实之间并不遥远，只要我们敢想、敢做，预言就有可能变成现实。

当然，并不是所有的想象都能成为现实。能否成为现实，关键还是看是否能落地执行。确实有很多天马行空的想象都在天上飘着，没有机会降落到地上。因为这些想象没有人去验证和实践，只能永远成为一个虚幻。就像一粒种子，即使内在充满再强大的生命力，如果没有被播种到土壤里，同样很难发芽。现实的土壤才是想象生存的基础。

想象和联想是我们创造新事物的两个有效工具。在这世界上，没人能真正地被隔离，不和任何人交往。同样，世界上也没有任何两个事物毫无关联。从这个意义上说，人生没有真正的死局和绝境，只不过我们的想象力和联想力没有打开，还没有找到解开答案的线索罢了。我们没有成功，也只是因为我们在那些看似风马牛不相及的事物中，没有看到它们之间的联系，只要我们能找到它们之间的联系，就能解决复杂的问题。

联想是一种综合思维能力，既要有敏锐的观察力、丰富的想象力，又要有系统化的比较分析能力。比如从木头到皮球，你能想到什么？木头——森林——原野——足球场；从天空到茶水，你能想到什么？天空——雨水——大地——小河——茶水诸如此类，很多看似八竿子打不着的事物，其实都可以找到内在的关联之处。正因为事物之间有着千丝万缕的联系，我们才得以发挥联想，并通过详细的推断、演练，最后加上一点点运气，便能将问题解决，创造一个又一个奇迹。

让我们从一部机器说起。也许你家里曾有过这样一件东西——缝纫机。如果我问你：电影机和缝纫机之间有什么联系呢？你一定会认为，这两样东西相距太遥远了，它们根本不属于一类事物。果真如此吗？

卢米埃尔兄弟，法国人，是电影放映机的发明者。最早的电影机在放映电影时，影片必须一动一停地通过卡门，否则银幕上的影片就会模糊不清，而这就意味着必须解决影片的间歇运动问题。很多发明家都被难住了，连爱迪生都一筹莫展。卢米埃尔兄弟设计了很多解决方案，效果都不是很理想。两人并不气馁，直到有一天，卢米埃尔两兄弟看到了缝纫机一动一停的间歇运动，联想到电影机在放映时，也可以用这个方法解决模糊不清的问题。于是，1895年世界上第一台活动电影机问世。

缝纫机和电影机，两者之间原本毫无关联，不料竟殊途同归。这样的奥秘，只有那些善于观察、善于联想的人才能彻悟明了，并利用联想思维创造出新事物，革新技术工具，从而推动社会文明进程，并最终改变自己的人生命运。

今天大家都在说创新,但真正创新的却寥寥无几。就像当初大多数人踩着缝纫机的脚踏板,憧憬电影机的到来,嘴里念叨着"创新"两个字,却无妙计。也正因为如此,大多数人才会毫无作为,整天像驴子推磨般转圈圈,累得要命,却收入微薄。而对于那些善于思考的人来说,他们唱着小曲就走到了我们前面。他们不是富二代、富三代,更不是官二代、官三代,他们是通过思维的实践,改变了自己的命运。

拉里·埃里森,生在纽约布鲁克林的单亲家庭,从小在芝加哥由姨妈和姨夫抚养长大。养母死后,他从大学辍学前往加州求职,工作 8 年后于 1977 年创办软件开发公司,也就是如今的甲骨文公司。他从一名穷小子,通过思维致富,位居美国富豪榜。

翻开福布斯富豪榜,我们就能发现一个规律,位列榜上的人,70% 是白手起家的创业者,只有 30% 是依靠继承而获得财富的。这意味着,这个世界并非铁板一块,只要你有实力有激情,擅长创新思维,就一定能够改变自己的命运。即使不能荣登福布斯富豪榜,也至少能保证你吃喝不愁、生活无忧。

大量的福布斯榜上人物是高中学历,甚至是父母双亡的失学儿童,他们都是通过自己与众不同的思维,和坚韧不拔的努力，改变了人生命运。我们与他们之间的差距，并不是遥不可及，只是你不敢这样想，更不敢这样做，于是自己的梦想在生活的重压下逐渐息灭。从今天开始，改变你头脑里的思维模式，睁开双眼观察这个世界，你一定能够从生活中司空见惯的事物里，找到成功的线索。只要你足够用心，一切皆有可能。

大凡成功者，无不是从最简单的一个点子开始行动，然后改变世界。从电灯、电话、手机、电脑到火箭、卫星，每一种奇迹的创造都经历过这样的过程。没有你想象的那么复杂，可能就是一个机缘巧合，而最终引爆了他们头脑里的思维。他们并没有想想就放弃，而是坚决将此通过实践变成了现实，最终他们获得的回报也非常丰厚。

很多人被现实压弯了脊梁，已经再无多余的力气去想象，去发散自己的思维，去做出更多的改变。所以，即使生活再艰难，你也要给自己留出思维的空间，让自己抬眼看世界，琢磨自己奋斗的方向和成功的玄机。很可能在某个早晨醒来，你就可以从抽水马桶的漩涡中发现人生的奥秘，并最终获得现实生活中的成功。

你的创意价值百万

有人问：思维创意可以让人从穷困变富有吗？可以让人从默默无闻变得举世闻名吗？事实上，再也没有比思维创意更能让人快速致富、快速成名的了！想想《哈利·波特》的创作者罗琳，她在写出《哈利·波特》之前，还是个一文不名的灰姑娘，而在《哈利·波特》"横空出世"之后，罗琳拥有了万贯家财，如今她变成了白富美。她的命运是靠什么改变的？毫无疑问，她的想象力和创作思维能力。有了这样的思维能力，她牵动全世界人的心，让大家跟着她一起哭笑，进入她的思维空间和虚构出来的世界。那么你呢？为什么总困惑自己的事业和人生原地踏步，无法得到爆炸式的增长和提升，原因何在？其实关键就在于思维。你的思维潜能一直在沉睡，于是你的人生也处于沉睡状态，你只有调动你的思维积极性，才能真正爆发内在的能量，并用你的思维来开启世界之门，人生成功之门。

我们每个人都需要改变大脑中陈旧的思维体系，让自己拥有全新的创意思维。是的，这个时代不再是左脑思维至上的时代，而左右脑互动的创意思维正一天天成为主流。工程师的技术思维与艺术家、策划人的创意思维相结合，将真正融入人们的生活。这是一个互联网思维时代，大数据时代，但又不只是依靠数据就可以独霸天下的时候。这个时代比以往任何时候都需要艺术审美的情感体验。只有枯燥的数字和工业技术，将很难打动人，所以现在的产品既要实用又要美观。两者完美结合才是畅销而又口碑良好的产品。

在现实生活中，乔布斯推出的苹果手机就是这方面的典范。很多公司在数据技术上，能够做到苹果公司水平的肯定不少，但在人性化视觉界面，以及操作上像苹果一样做到极致的却寥寥无几。乔布斯为了提升自己的创意能力，特别修炼禅学。在心神如一的东方禅境中，他悟到了新时代产品创意的真谛。

可以预见，在未来的几十年中，创意思维将更加强烈地颠覆我们的世界，深入影响我们的生活。如果你不去积极修炼自己的创意思维，这就意味着你会渐渐成为落伍者或被边缘化的人。

日本松下电器创始人松下幸之助就曾预言："今后的世界并不能以武力统治，而是以创意支配。生活处处皆创意，不管是我们吃的米饭，还是喝的饮料，都离不开创意的影子。"确实如此，如今主宰我们世界的不再是像拿破仑、凯撒这样的战争英雄，而是那些以创意思维颠覆商业模式的人，以及那些以创意思维拍摄出令全球疯狂的影片的人……诸如此类的创意精英，他们才是我们这个时代的真正王者。想一想斯皮尔伯格，想想迪拜遍地的创意建筑及其海上著名的帆船酒店，这些都是创意思维的结晶。他们改变着我们的世界，刷新着我们的大脑纪录，让我们人类社会变得更加美好。

创意思维可以是大手笔的变革，也可以是基于日常生活的小惊喜。如今的创意思维已经与我们的日常生活紧密结合，如果你细心观察，就会发现处处都有创意思维的痕迹。

很多人都喝过瓶装的可口可乐，然而在感到爽快之时，不知你是否注意到——可口可乐扭纹形的瓶体，易握而流畅，就像少女的条纹裙缓缓绽开；瓶子中间是圆满丰硕的，就像少女的臀部。正因为中间部位的"肥硕"，你还觉得它的容量不小。毫无疑问，这是一款走性感路线的瓶子。

如此女性味道十足的瓶子，不仅实用而且洋溢美感。事实上，它正是可口可乐瓶中经典的王牌之作，全世界都有它的身影。而这款瓶子的诞生，也意味着可口可乐开始了向饮料世界的王者宝座进军。最初可口可乐的瓶子并非这样，它就像储藏罐，小盖子、直通通的圆柱形瓶身。光看瓶子，你根本不知道里面装的是什么。明显纯工业风格的瓶子，看到这样的瓶子你不会有太大喝的欲望。而现在的性感瓶子呢，只要你喝过一次这样的可口可乐，闭上眼就能从诸多的饮料中摸出哪一瓶是它。

这样的经典之作到底出自谁的手笔？又是如何萌发创意的呢？

20世纪初，美国年轻女性流行穿脚伴裙。一天，鲁特玻璃公司的职员亚历山大·山姆森和女朋友约会，恰好他的女友穿着这样一款连衣裙。亚历山大·山姆森眼前一亮。穿这款裙子的女友臀部突出，腰部和腿部纤细，魅力十足。

亚历山大·山姆森心想，如果可口可乐的瓶子像女友穿裙子的感觉，那一定非常漂亮！约会结束后，亚历山大·山姆森回到家，便按照女友穿着脚伴裙的样子来设计可口可乐的瓶子。经过反复修改，瓶子设计得很是美观，像一位亭亭玉立的性感女孩。

山姆森设计好瓶子后，便到专利局申请了专利。当时可口可乐公司恰好需要一款瓶子来将自己的饮料与其他饮料区别。初一见面，山姆森的瓶子就得到了认可。可口可乐公司总裁阿萨·坎德勒主动提出购买专利。一番讨价还价后，双方最终以600万美元成交。

这就是创意思维的魔力。每个人都可以是下一个亿万富翁，因为每个人都拥有成为亿万富翁的"条件"——大脑。但很可怕的是，很多人的大脑已经不去思考了。广告大师李奥贝纳说："最可怕的未来，就是万一我们得了'肥脑症'（Fatheadism），两耳之间别无长物，只有肥油，这足以置我们于死地。"的确，如果没有创意思维，那跟脑死亡有什么区别？在这个世界上，很多人其实已经放弃了创意思维的能力，他们的大脑成了别人思想的跑马场，他们没有自己的想法和创意，一切都是以抄袭和跟风为主。如果这样的人主宰世界，人类社会将进入庸俗不堪的境况中。

人生最痛苦的事情是什么？不是你做某件事最后没有收获，而是你想做某事最后没做，可别人做了并获得了成功，这种刺激对你来说将是无比痛苦的。人生中最最痛苦的事是，看到别人一个个都成功了，他们都实现了自己一生想要做的事业，而你的大脑却仍空空如也，从没诞生过电光石火般的创意与灵感。你可能已经无数次路过财富的路口却毫无知觉，等到这个创意被别人"拿走"时才后悔莫及。正因为喜欢思考喜欢创意的人太少，所以真正的成功者屈指可数。

我们大都有过这样的感受——见到某个人成功之后，你有没有说过："原来我也想到过！不过没做罢了！"是的，你没有做，这就是你为什么至今没能成功的原因。世界上的成功人士，都有一个共同特点：他们都有自己独特的思维方式，独特的思维方式可以改变人们的生活。他们运用自己的思维方式，将创意与生活相结合，并付诸实践，给人类的生活带来更多的惊喜，自身也获得了巨大的成功。事实上，创意思维可以在每件物品、每件事上体现，就像可口可乐瓶的设计创意。在那个时代，很多人都见过脚伴裙，但从裙子联想到瓶子，并去设计的只有亚历山大·山姆森。所以，成功只能是他的。成功就是这样，你必须想到了而且付诸行动，然后才能有结果。如果你连想都没有想到，那成功与你之间，还存在着很大的沟壑。

很多人也可能会提出新的疑问：并不是所有的创意思维都可以带来财富，比如有的人想到某个发明创造，结果不具有市场卖点，没人买单，没人给颁发奖金；比如某某很有才华，写了很多诗歌画了很多画，可也没为自己带来财富。为什么会这样呢？其实，这就是创意思维与市场卖点是否结合的问题。不管能否暂时为你赢得财富，创意思维都是值得倡导的。做任何事都不可过于急功近利。用广告大师李奥贝纳的话说就是："伸手摘星，即使徒劳无功，亦不致一手污泥。"你又何必对自己在摸索中的经历耿耿于怀呢？等你学会将创意思维与市场相结合，财富的获得对你来说，只是轻而易举的事。

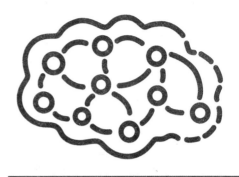

第四章

思维的真相——为什么很多人勤劳却不成功

　　大多数人每天都在奔波劳碌，忙得没有歇脚喘气的时间。即便这样，却依然赚不够衣食费用，更别说有时间去马尔代夫享受浪漫生活。如果我们这辈子不改变思维的话，美好的人生愿望大概就只能永远游走在自己的脑海中。这个时候，你应该停下来问自己——我到底在为什么而忙碌？应该如何改变思维，获得人生的转机？

"懒蚂蚁"的启示

我们大概都听过这八个字——勤能补拙，笨鸟先飞。大多数普通人，只能靠着这八字方针生活。在现实生活中，我们看到的大多数人每天都在奔波劳碌，忙得没有歇脚喘气的时间。即便这样，却依然赚不够衣食费用，更别说有时间去马尔代夫享受浪漫生活。如果我们这辈子不改变思维的话，美好的人生愿望大概就只能永远游走在自己的脑海中，我们每天跟上了发条似的，几年如一日甚至十几年如一日地忙着，但这样的忙碌创造出什么伟大事业了吗？可以给出肯定回答的人并不多。如果你认为自己在原地踏步白折腾，这可能意味着你每天只是在瞎忙。这个时候，你应该停下来问自己——我到底在为什么而忙碌？

日本北海道大学进化生物研究小组，曾做过这样一个实验：将90只黑蚂蚁分为3组进行观察。细心的研究小组发现，大部分蚂蚁都在勤劳干活，不是寻找食物就是搬运食物，但总有那么几只蚂蚁很是懒惰，整日无所事事，东张西望。他们对这几只懒蚂蚁做了标记。

接下来，生物研究小组成员切断了蚂蚁的食源。于是蚁群躁动不安起来，尤其是那些勤劳的蚂蚁失魂落魄，失去了奔走的目标，十分慌张。但很快，那些被标记的懒蚂蚁走了出来，带领众蚂蚁爬到它们早就侦察好的食源点。

原来，那些被标记的懒蚂蚁，大部分时间都在用来侦察和寻觅食物。正是依靠懒蚂蚁的不断侦察和探索，蚁群才能在食物断绝之后，快速锁定新的食源点。可以说，懒蚂蚁虽然懒于搬运食物，却在勤于思索目标和方向。

蚁群这样，人类社会也这样。在我们的工作和生活中，总有80%的人像勤劳的蚂蚁，每天忙个不停，却并不富有；而另外20%的人则像是懒蚂蚁，整天无所事事，聚会喝酒、游山玩水，却住着豪宅开着豪车。这些人是各行业的大人物，有企业家，有娱乐明星等，总之这些人都不是等闲之辈。在二八法则中，社会上 80% 的财富最终会流向这 20% 的人，而剩下 80% 的人，仅仅占有财富的 20%。

这似乎很不公平！很多人看到这儿，也许早已开始义愤填膺，为什么勤劳的人在养活着这些懒人？这是社会的不公！但是，且慢，事实又如何呢？这些懒人并不是被 80% 的勤劳者所养，而恰恰相反，正是这 20% 的懒人，通过思维所创造的价值，足以养活这 80% 的勤劳者！如果没有这 20% 的懒人，相信 80% 的勤劳者即使每天奔波，也有极大可能集体陷入贫困状态。方向若找不对，即使再勤劳，也都是在做无用功。没有 20% 的智者的引领，80% 的人看似忙碌，其实并没真正创造出可取的价值。让我们回顾一下，在乔布斯第一次离开之前，苹果公司的价值是多少？当时苹果公司面临破产，是个人人躲避的烂摊子。而乔布斯的再度加盟，让苹果公司变成了史上最伟大的企业之一，每一个内部员工都因此过上了惬意的生活。通过乔布斯的引导，员工们的努力和付出，才有了丰硕的回报。从这个意义上说，这种财富分配法则非常公平，你能为企业带来多大的价值，决定了你能获得多少财富，你的贡献决定了你的收获。显然，如果你想获得更多的财富，不一定非要拼命苦干，而要努力让自己成为一只"懒蚂蚁"，并通过思维的能量，来获得财富，改变自己的人生。

西班牙富豪阿曼西奥·奥特加是一个很"懒"的人，在他的商业王国中，他懒得为产品做广告，懒得印一张名片，甚至懒得照相。他却有时间去朝圣，他曾经四次拿着一根木杖，忍受着40℃高温，徒步翻过四座高山，行走于有名的朝圣之路"圣雅各之路"上，而这四次朝圣竟然是为了找到生命的答案，这是不是让人觉得可笑？

一个在商场厮杀的大佬，竟像个诗人一样行走于朝圣之路。

三届世界足球先生、人称"外星人"的罗纳尔多，曾经一次又一次用魔鬼式的进球让绿茵场沸腾。这位"球场杀手"在场上总是懒得动，就在对方门前晃悠，直到球来的瞬间才爆发出超强的速度，没等别人反应过来，他已经射门进球！

踢足球怎么能懒得动？真是奇闻！

一个是在商业战场，一个是在足坛战场，按照常理，他们都应该每天苦干、厮杀才对，但他们并没有那么做。他们可以说是彻头彻尾的"懒蚂蚁"，对他们来说，追求思想境界比熬夜加班更重要，思维的训练比孜孜不倦更要紧。我们总在说，不能停下人生的脚步，必须紧跟前者奋进，不然就会掉队。并且，大多数人也是这么做的，可扪心自问，你的状况得到改善了吗？没有。我们在慌张赶路的时候，其实丢掉了最宝贵的东西，这就是我们的思维能力。是的，我们需要在必要的时候停下来，开启全新的思维模式，才能看到问题的本质。才能找到前进的目标和方向，这样我们的勤劳，才能真正换回成功的果实。

如果你的汗水没有思维做前提条件，那只是没头脑的冒进，很可能越努力距离成功越远。任何一项事业的成功，都起始于战略，决胜于机制。如果没有战略思维和机制的系统思维，只是一味地忙碌，可能到最终也只是瞎忙，或者到头来只是为他人作嫁衣。成功者之所以成功，不是因为他们忙，更多的是因为他们能够让自己闲下来，好好地思考生命的意义，以及人生的方向，这才是最重要最紧要需要先解决的问题。我们只有将这关键问题弄明白了，人生才能真正朝着成功的目标顺利前进。

从某种意义上说，"懒人"不是笨人，他们恰恰是最聪明的一类人。他们会用最简单有效的思维方式解决问题。他们看起来轻松，实则在思考问题。他们看起来无所事事，其实大脑中的思维齿轮正在飞速运转。这就像国际象棋大师间的对弈，表面上看他们的身体一动不动，其实他们的大脑思维深处正在展开一场生死攸关、不见硝烟的战斗。激烈程度不亚于第二次世界大战，这是一场智力的竞技。脑门上滴落的汗珠，正是他们思维运动的验证。所以说，忙碌并不一定非要让自己的身体像陀螺一样转个不停，有时候喝茶游玩同样是在忙碌。只不过，一种是身体外在的忙碌，一种是思维内在的忙碌。从人类发展史上来看，心智的忙碌者往往是管理者，而体力的忙碌者却处于被管理的角色。对于你，你想做哪一种角色呢？

我相信大多数人都想做管理者，但现实是残酷的，管理者并不是你想做就能做的，这需要我们对自己的思维进行全面系统的改造。对此，你可以参照以下几个具体步骤：

一、既做得了"勤蚂蚁"，又做得了"懒蚂蚁"。每个走向神坛的牛人，最初都是凡人，神是后来的人尊称出来的。天生懒蚂蚁型的人才非常少见，大多数"懒蚂蚁"都是从最初的"勤蚂蚁"转换升级而成的。很多著名大公司的领导者，在最初创业阶段，都是非常勤劳的，一天只睡三五个小时并不少见。

此时，他们一方面是实际的执行者——"勤蚂蚁"，同时又是工作方向的决策者——"懒蚂蚁"，甚至可能还要忍受肚子的饥饿，别人的追债……不仅要思考大局的方向，也要亲自操刀业务的具体细节。即使被很多人夸聪明的比尔·盖茨，最初开创微软之时，也要自己亲自编写程序软件。套用现在网络上一句流行语即是：爷爷都是从孙子走过来的。的确，哪一个白手起家的创业者，不是从孙子开始做起的呢？没有当初深入一线的辛苦和努力，他们便无法对整个工作流程了如指掌，也无法在后来创造性地制定公司的制度和规则，更无法有效地指导后来者。当公司步入正轨之后，他们就成了地道的"懒蚂蚁"。时机成熟，必须转换思维让自己成为"懒蚂蚁"，而不可总是像最早那样事必躬亲，否则事业就很难做大做强。

二、时刻用好奇心看待世界，用思维解决问题。 好奇心是开启成功之门的钥匙。一个人要想适应世界，必须随时能够看到世界的变化，而我们要想看到世界的变化，就需要一颗永远好奇的心。不然，即使世界上风云变幻，你依然会熟视无睹。在这个互联网思维时代，我们只有让自己永葆孩子一样的好奇心，才能随时发现问题，并思考解决问题的办法。如果你能够利用思维找到解决问题的最佳方案，你就可能会因为这套方案而成为亿万富翁。这并不是说笑，如果你经常阅读财经新闻，就会相信这是每天都在上演的创富剧情——成功并没有你想的那么复杂，有时只需要你一个偶然的发现。

要想获得最佳解决方案，懒蚂蚁思维值得借鉴。世界上很多伟大的发明都是懒人搞出来的。记得沃特曼刚发明钢笔时，钢笔帽要像拧螺丝一样，拧上一圈又一圈，结果有人懒得拧，将螺纹改成了三并行的螺纹，只要拧三分之一圈就可以。够省力了吧？别急，还有更懒的人呢！到了后来的派克钢笔，懒人甚至去掉了螺纹，用简化思维设计出新款钢笔，只需要直接一插就能夹紧笔帽。这就是懒人思维的价值，他们的成功，让我们的生活变得越来越便利！

在现实生活中，很多懒办法就是为了避免"多余的勤快"而进行的改造。懒得爬楼梯，于是有了电梯；懒得走路，所以有了自行车、汽车、火车、飞机；世界快餐店——麦当劳，懒得做大餐，所以推出了麦当劳汉堡和快餐食品，创立了全球品牌。如果你是一个勤劳的人，仔细想想，自己的有些勤劳是不是多余的呢？能否找到更偷懒的解决办法？

三、不要依赖"搜索"答案。互联网时代，我们的思维更加依赖网络。然而，我们必须明白——最好的答案永远不在网上，而在你的大脑里。谷歌和百度只是我们的工具，可以为我们提供更多的信息和材料，为我们的思路提供方向，但它们并不能直接为我们提供现成的方法。即使有，那也肯定不是最符合你具体情况的方案，所以，当你遇到难题时，最先做的事情，可能不是像犯了毒瘾一样疯狂地在网上搜索，不是让别人来告诉你现成的答案，而是自己先要厘清思路，仔细想想问题的本质是什么，如何才能更好地解决问题。有了思维的方向和目标之后，再进行网络搜索，这样就可以得出切合你实际的解决办法。

如何化短为长

我们每个人都想做出一番事业，但往往理想很丰满，现实很骨感，由于各种客观条件的限制，总让我们无法事事如愿。其中大家说得最多的就是：我相貌不佳，我外语不好，我缺少一个有钱的爸爸，等等——这些成为很多人口头挂着的理由，但我想说的是，哪怕你拥有比这些更严重的缺陷，也并不意味着你就真的毫无希望。事实上，这些短处可能只是你面对现实怯懦的借口。

上帝创造大海之后，见大海里太冷清，就造了各种各样的鱼，给了它们流线型的身体、灵活的鳍和鱼鳔。有了鱼鳔，鱼儿们不但能在水里随意沉浮，还可以原地休息。鱼儿们十分高兴，都觉得鱼鳔实在是太有用了。

然而，上帝却没有为鲨鱼安上鱼鳔。因为这个调皮的家伙不知跑哪儿玩去了，上帝费了很大劲儿也没找到它。上帝心想："随它去吧，反正鲨鱼没有鱼鳔，就会沦为海洋的弱者，就让自然淘汰它吧！"没有鱼鳔的鱼，一旦停止游动，就会很快沉入水底，被水压死。所以，上帝断定大海里的鲨鱼活不长。

很多年以后，上帝想看看海里的鱼都怎么样了。一见到上帝，那些有鳔的鱼儿们都纷纷向上帝诉苦，说它们都被鲨鱼害苦了。这时，一群威猛的鲨鱼游了过来，其他的鱼吓得纷纷逃窜。上帝感到十分惊讶，他不知道是什么原因，竟然使没有鱼鳔的鲨鱼成为海洋中最凶猛的鱼类。

鲨鱼说："由于我们没有鱼鳔，无时无刻不承受着巨大的压力，为了避免被水压死，亿万年来，我们从未停止过游动。我们必须和命运抗争，这成了我们的生存方式。"

今天，我们所面对的世界就像大海，而你就像一条没有鱼鳔的鱼。在这种情况下，你应该怎么做呢？是自甘沉沦，还是奋勇出击……相信你已得出了自己的答案。的确，天生的短处，并不能将你击垮，只要你能爆发出身体里的能量，积极化短为长，你就能实现自己的梦想，让自己成为世界的强者，让自己有能力去拥抱属于自己的幸福。

从这点来说，你就需要发挥你思维的强大力量，要认识到短处并不是人生的致命弱点，内心的怯懦才是最大的弱点。很多短处只是你的思维的障碍造成的，如果你能够克服思维的障碍，短处就会消失。即使你身上真的有与生俱来的短处，也并不意味着你这辈子就一定碌碌无为。只要你能转变思维，化短为长，善于找到自己的闪光点，你就能将自己的人生推向成功。综观福布斯富豪榜，有很多富豪都是出自单亲家庭，但他们并没有自暴自弃，而是扬长避短，越是自己的短处，越激发了他们对现实的战斗欲，最终获得了举世瞩目的成就。在美国，这样的思维模式和奋斗历程被称为"美国梦"。所谓的"美国梦"就是，它倡导一个人不管是贫穷还是富有，是健康还是残疾，都可以通过自己的智慧和努力，来改变自己的命运。哪怕今天你是一个流落街头的乞丐，如果今天的你能转变思维，决定奋起改变现状，明天的你一样有机会成为亿万富翁，甚至成为显赫的总统。

1984 年，罗纳德·里根竞选连任，有人担心他年纪太大，不能胜任，但里根主动承认自己年事已高，在与对手沃尔特·蒙代尔的辩论中，里根指出："我想你知道的是，我不会拿年纪来说事，就像我不会出于政治目的，抨击我的对手太年轻、缺少经验一样。"里根自曝缺点的演讲，给他带来了很高的人气，这也是他后来当选的原因之一。

众所周知，年纪大是弱点，但年纪大经验丰富却是优势。在这个世界上，任何事物都具有两面性。上天是公平的，从你身上拿走什么东西，就必定会在某些地方补偿你。优势还是劣势，关键要看我们怎么分析和判断。一个盲人看不到事物是劣势，但他的听力要比一个正常人好。如果能够将听力的优势发挥到极致，一样可以完成伟大的事业。记得看过一部电影，剧中有一名盲人被特工组织选中，专门用来搜寻敌人的电台。他凭借自己的听觉天赋，无数次捕获敌方的重要情报，最终协助组织打赢了一场战争。虽然他从未拿枪上过战场，但他被评为了一级战斗英雄。他一个人所起到的作用，胜过千军万马！由此可见，一个人未来的人生是否有前途，并非看他的缺陷和劣势，更重要的是看他如何发挥自己的长处，看他是否能有效运用思维方式，让自己走上成功之路。

对个人来说是这样，对一个产品来说同样如此。在人类的商业发展史上，有很多智慧的广告人非常擅长运用化短为长的思维方式。他们用实践证明，只要你的策划包装得当，缺陷就会变得微不足道，你的优势将最终帮你"偷天换日"。

　　50 年前，恒美广告公司接到一个非常棘手的策划案——关于德国甲壳虫汽车打入美国市场的策划方案。在这之前，美国人喜欢的是那种大型的国产汽车，德国的这些看起来"丑陋"的甲壳虫汽车能畅销吗？

　　然而，出人意料的是，在广告播出之后短短一个月内，这种大众旗下外观"丑陋"的甲壳虫汽车，便成为市场上的热销车型，这是为什么呢？

　　甲壳虫汽车的成功，答案在于恒美公司优秀的广告策划方案。原来，恒美公司深知甲壳虫的外形是"丑陋"的，他们并没有强调这款汽车是如何美观，而是采用逆向性思维，把汽车的缺点暴露给消费者，在广告中他们这样说甲壳虫——"丑"只是表面。虽然"丑"，但它能够"丑"得更久。这也就是说，甲壳虫虽然"丑"，但质量过硬，能够应付各种复杂路况，使用时间长，这正说明了甲壳虫耐用。这种提及自己缺点的广告一经播出，更增加了观众的信任度，因为敢于揭露自己缺点的产品，才有过人之处。之后的广告再说到甲壳虫的优点时，比如它的经济、省油等，人们就更加相信这是事实。

世界上没有十全十美的个人，同样没有十全十美的产品。所以，他们在仔细调查分析产品之后，将甲壳虫产品的不足换一种思维来策划。通过精准创意的策划，甲壳虫真实地呈现在众人面前，他们用真实打动了消费者。

真正有效的产品广告，并不是自吹自擂，更不是抨击对手，而是能够坦然面对自身的缺陷，能够用创意思维的技巧，将受众的注意力转移到缺陷背后的优点上来。这样的广告有两个伟大之处，第一，有勇气面对自己的缺点；第二，有眼光发现自己的优点。第二点很多策划人都可以做到，但第一点却是对心理的重大考验，大多数人都想掩盖和隐蔽。越是这样，越容易让公众猜测和怀疑。17世纪法国作家罗时夫科尔德说："主动承认自己的小缺点，是为了让他人相信我们没有大的缺点。"事实正是如此，只宣传产品的优点，确实会塑造产品的良好形象，但有时候宣传优点过度，消费者就会产生怀疑，可信度也就大打折扣，那些敢于坦然面对自己缺点的宣传方式，反而更加会使消费者产生信赖感。

世界上很多人都不敢面对真实的自己，如果自己的牙齿不好看，每当说话的时候就会刻意地用手去遮挡。越是这样，越容易引起别人的关注，越让自己显得矫揉造作。当你这样做的时候，自己内在的怯懦就一览无余。为什么要躲避呢？如果一个人总是对自己身上的缺点耿耿于怀，寝食难安，何来精力做更大的事业？放下心灵的包袱，接受并面对自己的缺点，这样可以使你能更顺利地将成功揽入怀中。

如果你敢于面对自身的缺陷，那下一步我们要做的就是——如何在劣势背后发现你独特的优点，这才是获胜的关键。你不如施瓦辛格能打，但你的中国话肯定比他说得好；你不如罗纳尔多足球踢得好，但你擅长画画；你没有奥巴马的管理能力强，但你的皮肤肯定比他白；你不是乔布斯，创造不了苹果手机，只会啃真苹果，但如果乔布斯在世的话，你不妨和他比比牙口。无论如何，你总能找到自己人生的爆发点和决胜之道。

人生不能认死理，而要活学活用。优劣势在不同的条件之下，显现出来的效果便不一样。同样，你也可以转换思维，将自己的劣势转化为优势，也许不能立竿见影地获得成功，但至少能够让你柳暗花明，看到一片全新的天地。

所谓的缺点，不过是你没有转换思维思考而已。只要你肯积极转化思维，恰当利用劣势，那么劣势也能转化为优势。

虽说烂泥扶不上墙，但我们可以将其搅成糊状，烧制成陶罐，甚至做成精美的瓷器！为什么非要纠结把烂泥用在墙上呢？总之，任何时候都不要抱怨上天，更不要抱怨社会和家庭，只要你愿意改变和努力，化短为长，人生的突破就在拐角处。

"错误"的意外收获

在这个世界上，没人喜欢错误，但没人不犯错。错误意味着前功尽弃，意味着失败，意味着别人的讽刺和嘲笑，但我们不能因为怕犯错误，而让自己什么都不做。诚然，有时候做得越多，错得也越多，但如果不去尝试，我们与一具行尸走肉又有什么区别？

错误并不可怕，因为犯错意味着你在尝试；你的人生正在进行创新和变革，意味着巨大的成功和财富即将到来。要知道，每个成功者都是在错误中成长的，甚至在错误中巧遇机缘，误打误撞，得到了意外的收获。人生无常，而且人生经常无常。对于那些不断尝试错误的人来说，小概率的事件经过不断地验证，就有可能成为真的。德国谚语说得好："过去的错误就是将来的智慧和成功。"其实，如果运气好，收获也许就在错误出现的那一刻。

看看下面两位误打误撞，因"不靠谱"而成功的科学家：

英国细菌学家亚历山大·弗莱明，实验没有做完就把细菌培养基放到桌上，然后度假去了，甚至连盖子都忘记盖了。等他度假回来，发现葡萄球菌长得到处都是，但唯有一块地方没有长，因为这里有外来的无名物质，杀死了周围的葡萄球菌。经过后续研究，他发现这种无名物质就是青霉素！他因此而获得诺贝尔奖，而青霉素也从此成为一种特效抗生药！

汤马斯·亚当斯（Thomas Adams），本来想用 Chicle（南美洲一种树的液体）制造出一种替代橡胶的东西，实验多次失败后，心灰意冷的他，气愤地丢了一块到嘴里。哇，味道不错！于是，世界上第一块口香糖诞生。

很多事情就是这样，有心栽花花不成，无心插柳柳成荫。在科学界，类似青霉素、口香糖这样的例子比比皆是，比如糖精、橡胶轮胎、便利贴等都是这样偶然发现的。难怪日本化学家田中耕一在 2002 年获得诺贝尔奖时，情不自禁地大呼："失败是成功之母！"原来他也是不小心搞错了东西，结果在失误中发现了吸收激光的物质。

　　为什么会这样？越是以常规思维按部就班、勤勤恳恳，越不容易获得这些意外的发明。很多成功都是不可复制的，并不是你勤奋辛苦就一定可以得到圆满的结果，换一种思维方式才是关键。在正常的时候，我们很难转化思维，唯有意外的错误，才能让我们脱离常规轨道，用一种另类思维，轻而易举地实现多年的梦想。

　　这真是让人大开眼界，原来失败有时候还有意想不到的收获。这就是歪打正着。谁说错误就是不可饶恕的？有一种错误不仅值得原谅，甚至让人赞美。这就是勇敢尝试的错（当然，所有的尝试要以不触犯法律、法规为准绳）。我们要认识到错有错的好，要想在错误中找到好处，你就必须敢犯错，想吃螃蟹就不要怕夹到手。一些人一辈子也不犯错，自然一辈子只能碌碌无为。大多数成功者都避免不了犯错，在错误中积累经验，吸取教训或者直接得到意想不到的好结果。

　　今天享誉世界的可口可乐，很多年前也是"失败"的产物。

　　美国亚特兰大市有一位名叫潘伯顿的药剂师。一天，他用古柯树的树叶和树籽为原料，经过多次试验，制成了一种具有兴奋作用的健脑药汁，这就是美国最早上市的"可口可乐"，可以说最早的可口可乐不是饮料而是保健品。因为没什么知名度，加上受众范围比较小，所以可口可乐的销量很低，潘伯顿很着急。

有一天，一位病人来到药店要求服用这种健脑药汁，他的头疼得快要忍不住了。店员赶紧给这位病人配药，本来按照说明，这种药里要加些自来水，谁知这位店员竟把苏打水当成自来水加了进去。病人一饮而尽后，店员才发现自己加错了，但药汁已入口。店员正在忐忑之间，病人却说口感非常美妙，自己的头也不疼了。

潘伯顿听到这个消息后，一个想法产生了，他往健脑药汁中加入一定量的苏打水，并宣传它是一种神奇的饮料。就这样，本来定位为保健品的可口可乐，变成了大众喜爱的饮品。尔后，经过几代可口可乐领导人的商业运作，可口可乐成为风靡全球的饮料。曾经一文不值的可口可乐配方，也成了顶级绝密。

这种研制过程，就像电影情节一样离奇，但都是真实的。这才是让那些每天奔波劳苦的人想不通的地方。他们想不明白为什么自己勤奋辛苦却很难成功，而有的人则很容易，他们的成功有时候就像撞大运，运气好，成功就来了。有些人即使做错了，也能从错中发现成功的秘密。当然，并不是所有的错误都会成功，原因在哪里？

答案很简单，这些"犯错误"的成功者，并不是一根筋到底。他们的思维一般都比较灵活，既然这个方法行不通，那就换个方法。条条大路通罗马，既然自己不会游泳，为什么非要往水里扑呢？这不是找死吗？成功者在寻找出路时，都特别善于运用头脑里的思维。他们大多运用的是侧向思维，从事件的某个偶然、非原定角度进行思考，对自己所犯的错误也并不是全盘否定，而是选择某个侧面去关注和研究，并加以改善。就如可口可乐，既然它作为保健品不畅销，这并不是说它就完全一无是处，可以把它宣传成为一种健康饮料；既然自己培养细菌没什么出路，那杀死细菌也不失为一个好的方向；研究不出来橡胶的替代品，那把"失败品"弄成口香糖，同样也能成功。

虽然我们做什么事都有最初的目标，但在行进中，如果这个目标只能让我们伤痕累累，那为什么不换个角度去思考呢？从事件的侧面仔细观察，也许曾经自己所忽视的，反而可能是我们成功的契机。

记得有这样一个小故事：一个人在湖边垂钓，但鱼一直不上钩，钓者并不灰心，依然坚持坚持再坚持，从早上到中午再到黄昏，眼睛一直盯着水面上的浮标，连身体都不肯挪动一下。他并未发现，在他背后有一大群野兔，野兔以为他是一个木桩，正安心地呼呼大睡呢！

　　如果他这个时候不再坚持钓鱼，而是回转身去抓野兔，必定一下子就能抓到几只！虽然收获不了鱼，但收获野兔也是不错的！可他并没有这么做。这是因为一个人处于对目标的追求状态中，大多会自动屏蔽与目标无关的事物，这也就造成了与机会擦身而过的遗憾。

　　在现实生活中，我们怎样做才能顺利地抓住成功的机会呢？

　　从思维角度来说，这需要我们进行灵感思维训练。我们知道，大多数天赐良机都是偶然相遇、转瞬即逝的，在刹那间我们不可能来得及细致分析，所以这就需要超感官的直觉力来唤醒我们的大脑皮层，激活我们思维深处的能量。我们只有多多训练对事物的敏感度，才能在遇到"机会"时，灵机一动，打开转败为胜的法门。

　　下面是灵感训练的基本条件：

一、广泛的知识和丰富的经验。 所有事业，都需要一个厚积薄发的阶段，没有大量丰富的材料搜集、研究以及多年经验的沉淀，我们是很难对某事物有深刻理解的。所以，第一步就需要我们大力夯实调研的基础。

二、强化自己的观察力、联想力、想象力。 我们必须拥有敏锐的观察力，才能看到事物的微妙之处。同时也要有联想力，这样可以让你将看似毫不相关的事物联结起来，成为一个整体和系统。而想象力更能为你打开一扇发挥创造的大门，让你进入更加丰富多彩的世界。

三、情绪乐观，能让大脑感受力更强。 如果抱着灰暗消极的态度，在失败中就很难保持轻松的心情，来客观看待问题。要么陷入绝望，要么陷入偏执，总之是两个不健康的极端。据心理学家研究发现，一个人在快乐时是最聪明的，最容易获得成功。

四、抛弃你的惯性思维。 每个人都习惯于沿着同一条路线工作、生活，都害怕人生的变动和改变，但在思维上，我们必须打破这种固定思维，只有这样我们才能用不一样的视角看问题，用不一样的思维模式来寻觅解决问题的办法。

五、拿出一支笔，记下灵感突现的东西。 灵感是一种类似于电光石火般的东西，大脑的反应仅有几秒钟，如果你在这一瞬间忘记了，就很可能再也记不起来。

下面是诱发灵感的三种方法：

一、聊天法。有时候，一个与你面对面喝茶聊天的人，给你带来的灵感，比课堂上的老师要多得多。偶尔一场对话，就可能让你找到自己冥思苦想的答案。因为在聊天过程中，很可能有些内容恰恰能让你联想起自己的问题，并在瞬间引爆你的思维。

二、启发法。我们的思维需要外界事物的触动和激发，就像瓦特发明蒸汽机，是因为看到水壶盖被热气顶起来，然后受其启发，创造出了蒸汽机这个奇迹。自然世界中的事物，都是相互联系的，都有异曲同工之处。当你做某件事思维卡壳时，可以去树林中漫步，或者去球场打球，甚至去看一场电影，听一场音乐会，可能某一个画面、某一种外物，就能启发你的思维。

三、遐想法。放飞你的思维，尽情地自由想象，不要给自己任何限制。在胡思乱想中，可能你突然就找到了解决问题的最好方案。

总之，我们要想在错误中获得意外惊喜，就需要对自己的思维进行训练，让自己做好扎实的日常准备工作。那些看似偶然的发明、偶然的成功，并不是空穴来风，其中总是有着必然的因素。所以，你做出了改变思维、大胆尝试的决定之后，就要一步步踏实地前进，这样，你最终才有可能走向成功。

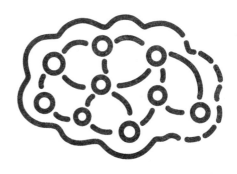

第五章

人性的弱点——不可不知的思维漏洞

　　人性是经不起考验的，一旦考验，就会暴露出各种弱点，你就会看到漏洞百出。另外，很多人之所以总是举步维艰，那是因为他们人性上存在弱点，思维里存在漏洞，仿佛是桶底的洞一样，不管装了多少水，都会漏得一干二净。所以，我们要读懂自己，读懂他人，看看这些人性弱点和思维漏洞，盘点一下，自己身上有多少？

安于现状

为什么很多人处于生活的困窘中无力自拔，而有的人则万事如意，处处顺风顺水？这是一个很奇怪的现象。境界太浅的普通人当然无法理解，总是处在羡慕嫉妒恨的情绪中。只有当我们深入"牛"人的思维世界，才能洞察真相。事实上，决定一个人命运的往往是思维的转变。我们大多数人都习惯了按部就班的生活，生活稍有改变便无法忍受，哪怕这种改变会推进自己人生的前进，也一样强烈反对。这是一种阻碍成功的惰性思维。

综观现实世界获得成功的"牛"人，他们没有一个是安于现状的。他们的内心永远有一种不满足的声音在呐喊着、激励着他们前进、冲锋。比如，美国前总统奥巴马当年只是一个街头混混，但他对自己的生活现状不满意，并勇于去改变，最终成为美国第一位黑人总统，并且成功连任。这是一种强大的思维能量。

当奥巴马参加竞选时，黑人娱乐电视的创办人鲍勃·约翰逊站出来批评奥巴马说："当克林顿和希拉里满怀热情地参与黑人事业时，奥巴马还在某个街区酗酒吸毒呢。"

奥巴马在自己的传记里，对自己曾酗酒吸毒的经历毫不避讳。他在自己的自传《我父亲的梦想》中回忆说："我在十几岁的时候是个瘾君子。当时，我与任何一个绝望的黑人青年一样，不知道生命的意义何在。"他抽大麻也用过古柯碱，经常酗酒，还吸烟。"我希望这些东西，能够驱散当时困扰我的那些问题。"他曾逃学，在夏威夷海滩和印度尼西亚街头游荡。"过了一段荒唐的日子，做了很多愚蠢的事。""中学时候的我是每一个老师的噩梦，没人知道该拿我怎么办。"

奥巴马的"街头混混"生活，并没有持续多长时间。经过一段时间的内心挣扎，他正式认同自己是一名黑人（非洲裔美国人）。他决心痛改前非，不再安于现状，用实际行动改变现有生活。当年马丁·路德·金曾引用《圣经》中的话，掀起了黑人民权运动风暴，其中最有名的一句话就是："我们黑人也是上帝按他自己的形象创造的（We blacks are created by god in his own image）。"或许由于肤色上的自卑，导致奥巴马产生了强烈的成就欲望，促使他从博士、教授、州议员、国会议员一路走来，并最终锁定最高奋斗目标——成为美国首位黑人总统。这个梦想和目标，彻底改变了他的一生。

的确如此，不安于现状是一颗强大的种子，只要在内心里种下这样一颗种子，就必定能长成一棵参天大树。人生的成功往往就是从这里起步的。为什么80%的人处于碌碌无为的状态？答案就是我们沉浸在碌碌无为的现状里，并且自得其乐。而20%的人则能够颠覆这种思维，哪怕起点再低，哪怕曾经的经历再卑贱，一样可以逆袭自己的人生。

不安于现状——这是大企业家都推崇的信条。万科创始人王石是一个不安于现状的人，他最爱的一本书叫《红与黑》。他说："给我印象最深、影响最大的书就是《红与黑》中的于连，一个工匠的儿子，极具才气，不安于现状，一步步地努力。"王石喜欢登山，世界各地的名山几乎都登临过。从某种意义上说，这不也是一种不安于现状、永不满足之思维的外在体现吗？小商人要想成为大企业家，必须打破现状，勇攀高峰。一个人要想改变命运，也要敢于打破自己固守的条条框框，重造一个新世界。

乔布斯去世后，很多人纪念他。我们究竟纪念他什么？其实就是纪念他不安于现状、勇于创新的独立精神。每个人都会面临困境，唯有不安于现状才能拯救自己。

苹果"非同凡想"的广告如是说："向那些疯狂的家伙致敬。他们特立独行，他们桀骜不驯，他们惹是生非，他们格格不入，他们用与众不同的眼光看待事物，他们不喜欢墨守成规，他们也不愿安于现状。你可以赞美他们，引用他们，反对他们，质疑他们，颂扬或诋毁他们，但唯独不能漠视他们。因为他们改变了寻常事物。他们推动人类社会向前迈进。或许他们是别人眼里的疯子，但他们是我眼中的天才。因为只有那些疯狂到以为自己能够改变世界的人，才能真正改变世界。"

此广告词正是乔布斯人生的缩影。的确，不安现状、打破常规在很多人看来是一件疯狂的事。但没有如此疯狂的行动，又怎能改变庸碌的人生？人的生命是需要强烈刺激的，一味地萎靡沉睡会让自己丧失斗志，成为失去行动能力的人。长此以往，思维也将陷入虚弱无力的状态，哪怕生活陷入多么可怕的境地，也不敢越出半步。如果你正处于这样的思维状态，必须立刻毫不犹豫地摆脱这种状态，越快越好！越彻底越好！

分析牛人的思维你会发现，他们的思维具有动态开放性。所谓的动态思维是把一切事物都看作是处于不断的运动、变化、发展之中的，因此要从变化发展的角度，用历史的、动态的眼光去看待事物。奥巴马并不认为自己一生将只是个混混，他认为人的生命处于运动状态的，要自己去努力，从而使自己的生命处于不断地变化发展中，并最终获得成功；王石奉行运动的人生信条，登临名川大山，接受生命的挑战；乔布斯的生命历程，将生命是运动的观点展现得淋漓尽致，他做出的改变，不仅改变了自己的人生，更推动了人类社会的发展。

他们所拥有的思维是动态思维，这种思维要求把握动态的客体，我们要学习运用这种思维，就要求我们在思维过程中必须实行动态调节。所谓动态调节，一是注意把握事物发展的可能性、机遇性和概率性，在多种可能中选择较为有利的可能性，在变与不变的统一中把握思维的目标和指向；二是在思维过程中不断将思维结果与目标进行比较，实施反馈调节。就像这些牛人们在奋斗的过程中，边进行思维的信息加工，边对思维程序和方法进行反思和调整，以达到理想的思维结果。

很多时候，你拥有什么样的思维模式，就会拥有什么样的人生面貌。一旦从安于现状的僵化思维里走出来，你就能看到一个全新的自己。唤醒你的不是闹钟，而是不安于现状的梦想。

先入为主

先入为主是人类天生的一种思维漏洞。

为了使大家更好地明白这个概念，让我们从下面的故事开始——

麦克走进餐馆，点了一份汤，服务员马上给他端了上来。

服务员刚走开，麦克就嚷嚷起来："对不起，这汤我没法喝。"

服务员重新给他上了一份汤，他还是说："对不起，这汤我没法喝。"

服务员只好叫来经理，经理毕恭毕敬地朝麦克点点头，说："先生，这道汤是本店最拿手的汤，深受顾客欢迎，难道你不满意？"

"我是说，调羹在哪里呢？"……

为什么餐馆服务员和经理折腾这么长时间，仍然不得要领？

其实就是先入为主的定势思维在作怪。我们的人生也如此，为什么很多人总是原地踏步没有突破性进展？大都因为陷入了先入为主的思维魔障之中。要想改变人生状态，获得事业的成功，就必须打破先入为主的思维模式。

据思维学家研究发现，先入为主是人类经验主义的产物。人是一种经验动物，所以先入为主是我们每个人都无法避免的思维漏洞。事先假定周围的人在某种情况下会有什么反应，然后在这种假定的基础上自己再采取相应的行动，是一种很省事的方法。在大多数情况下，这可以让我们更加高效地完成日常事务。

然而，先入为主的经验并不总是正确的，很多时候会产生负面作用。比如，某件不好的事情发生了，我们会选择性地对当事人进行隐瞒，后来事情暴露之后，我们会对当事人说："当时我没告诉你，是怕你知道后会烦心。"结果当事人却说："正因为你们瞒着我，我才如此烦心！"在家庭生活中，也是如此。举个例子，史蒂夫每次回家，他母亲总要提醒他"不要忘了你的外套"，其实史蒂夫最后一次忘记外套是他八岁那年，他母亲认定在随后的 37 年里，史蒂夫不会有什么长进，仍然会忘记他的外套。由此可见，人类先入为主的定势思维是多么顽固！

一天，华盛顿的马被盗走了。华盛顿知道是他的邻居盗走了马，于是就带着警察来到那个偷他马的邻居的农场，并且找到了自己的马，可邻居死活也不肯承认这就是华盛顿的马。

怎么办呢？马上又没有刻字。好在华盛顿是一个聪明的人，他灵机一动，飞快地用双手把马的眼睛蒙起来，问这位邻居："你说这匹马是你的，那么你一定知道它的哪只眼睛是瞎的。"邻居蒙了，本来就不是他的马，他怎么知道？可他还是硬着头皮回答："右眼。"华盛顿把右手从右眼移开，邻居一看，马的右眼一点问题没有。他心想，不是右眼，一定是左眼，于是接着说："哦，不好意思，我搞错了，是左眼。"华盛顿又把左手移开，这匹马的左眼也是好好的，并没什么毛病。

邻居一阵脸红，他还想为自己申辩，警察说："什么也不要说了，这足以证明这匹马不是你的！"

你看，华盛顿是多么聪明，他利用人的思维漏洞设计了一个陷阱，并成功地要回了自己的马。这可比与邻居争个面红耳赤，还说不出个所以然来要强多了。真正的聪明人不会让自己局限于先入为主的困局中，而且会运用先入为主的思维漏洞，来帮助自己实现事业和人生的成功。

在商业社会中，运用先入为主的思维诡计案例正在越来越多。当你去商场买衣服的时候，店员会问你："要红色的那件，还是黑色的那件？"当你去吃午餐的时候，服务员会问你："要果汁，还是要牛奶？"其实他们都在巧妙地运用你的思维漏洞，让你自然而然地接受他们的安排，从而为他们带来更加丰厚的商业利润。

大众消费心理是一门专业的学问，其中最关键的就是：研究如何利用大众先入为主的思维漏洞。众所周知，在企业新产品问世的时候，产品要摆在什么位置，摆在什么商品旁边，都是十分重要的。比如，一家企业推出一种新款饮料，如果你把它摆在可口可乐和百事可乐中间，那么消费者对它的看法就是：这是一款类似于百事可乐和可口可乐的饮料。这让消费者接受起来比较容易。假如你把它放到一个不起眼的位置，与廉价的山寨饮料摆在一起，即使这种饮料的质量上乘，消费者仍然不会买账。这就是人们先入为主的思维漏洞在起作用。

事实上，先入为主的思维策略，不只是在商业社会被广泛利用，即使在政治圈也是屡试不爽。很多政治大佬大都是善于运用思维策略的专家，他们对民众的思维漏洞了如指掌，从而能够轻而易举地驾驭和引导大众，让大众为他们的政治目的服务。

当年小布什总统谋求连任时，就巧妙地运用了先入为主的思维策略。

当时距离美国大选还有半年多时间，总统小布什却已经开始对民主党候选人约翰·克里展开猛烈攻击。总统候选人之间这么早就进入激烈的"遭遇战"，这在美国总统大选中尚不多见。

小布什之所以要采取"先发制人"的战术，是因为当时许多美国选民对克里还没有一个非常清晰的认识，于是小布什竞选阵营决定提前出手，丑化克里的形象，力争获得主动。小布什的政治顾问卡尔·罗夫和其他助手找准了克里的"软肋"：大部分选民对这位来自马萨诸塞州的参议员并不熟悉。根据《纽约时报》和哥伦比亚广播公司进行的民意测验显示：高达40%的选民，无法决定自己是否支持克里，因为他们还根本不熟悉这位民主党候选人。

小布什的竞选班子认为，这是一个沉重打击克里的大好机会，人类天生具有先入为主的思维漏洞，利用这一漏洞，全面丑化克里在公众心目中的形象。正因为如此，小布什的竞选阵营展开了大规模的宣传活动，将克里描述成一个"软弱而没有坚定信念的人"，"没有能力领导反恐战争"。此外，小布什和助手还在不同场合抨击克里的税收政策。为了实施"先入为主"战略可谓不惜血本，小布什团队在竞选广告中耗费了2000万美元，而克里的竞选阵营仅仅用了200万美元。

那么，如此大规模"先入为主"的宣传攻势是否起到作用了呢？效果十分明显，克里的支持率急剧下降，而小布什的支持率则稳步上升。2004年11月3日，小布什竞选连任获胜，并于2005年1月20日就任第55届美国总统。

当先入为主的思维模式，在人脑中起作用时，人们就容易忘记人类另一种天生的特性，那就是每个人都有随时学习和变化的能力。在这个世界上，没有谁是永远一成不变的，没有任何一件事是永远按照一个模式进展的，我们要用变化的眼光来看待周围的人和事。如果有人强横地对你暗示或警告："昨天你是什么样子，今天我只能允许你还是那个样子！"相信你一定会感受到强大的挫败感，因为你知道你一直在努力改变自己，提升自己。

随着时间的推移，每个人都在成长，先入为主的思维会逐渐失灵。对此，著名心理学家斯金纳发现，老鼠不断地根据本能和习惯，对周围的刺激做出相同的反应，但人类是根据自己的信念对刺激做出反应。当刺激传输到大脑并引起注意时，经过人的观念系统，产生一系列反应。大脑根据原有的观念对这些可能性进行判断，从而选出或创造出一种行为。我们每个人随着经验的更新，也在不断地改变固有的思维。所以，同样的刺激在不同的时间引起的反应是不同的。比如面对火灾，人们的第一反应可能是从火苗上跑过，但下次再遇到类似情况时，他们可能就学聪明了，开始尝试别的方法。因此，如果我们总是抱着先入为主的思维看人做事，就会不知不觉地陷入一种不能自拔的困境之中。

如果你想改变自己的命运，做大自己的事业，就不要囿于先入为主的思维迷局。你可以利用先入为主的思维漏洞来控制别人，但你自己首先需要跳出这个圈子。只有这样，你才能清醒地看懂自己、他人以及世界。打破思维的壁垒，让自己拥有20%成功人物具备的思维模式，从而让自己的人生、事业，获得巨大的成功。

避免盲点的系统化思维

当一个非常难解决的问题一直在困扰着你时，让你丝毫没有解决的办法，你会怎么办？通常情况下，你会抓狂。不仅仅是你，即使那些非常聪明的人，也常常会遇到这样的境况。原因在于人们的大脑经常会发生短路，出现思维盲点。在克服这一现象时，我们通常会陷入既定的思维模式。可以说，正是常规思维阻止了我们的成功。

其实，遇到这种情况，你可以建立一种系统化的方法，保证你在全面考虑问题的基础上，找到解决问题的办法。那些你以为不好的，会发现原来不是因为它不好，而是自己看得不够明白。那些你以为混乱的，其实只是自己还没有找到解决方法，这一切都是因为思维中存在着盲点。曾有一则故事，说的就是这个道理。

每个人在思维过程中，都会无意识地进入一个死胡同。这是由人的思维定势决定的，很多时候是不可避免的。如今，我们正身处于一个信息爆炸的时代，任何人都无法掌握所有的经验和知识。这也就是说，我们每个人的思维都将存在大面积的盲区。

从心理学上分析，我们每个人都是选择性注意（Selective Attention），意思就是说，我们的注意力倾向于自己感兴趣以及与自我价值观和人生经历有关的事物。其他事物都在我们的关注盲区，很容易被模糊和弱化。比如我们都有这样的体验，当自己专注于读书的时候，就可能忽视窗外的鸟鸣声；沉思中的少女，当有人朝她走去时，她有可能浑然不知……这些都是因为我们的思维存在盲点。

不仅是个人，即使是商业巨头同样会因为思维盲点而遭遇困境。

众所周知，诺基亚公司由于思维的盲点，没有意识到互联网时代需要运用互联网思维，导致如今的江河日下，到了被微软廉价收购的地步。诺基亚公司前总裁兼首席执行官康培凯说："一夜之间，苹果、谷歌、微软突然都成为我们的竞争对手。"

当手机从普通机转型到智能机时，诺基亚一直在沉睡。他们的思维停留在早年的成功之中。他们看不到互联网的发展趋势和系统化转型。要知道，苹果、谷歌、微软等大公司与诺基亚的竞争早就暗流涌动，只是诺基亚选择性失明，他们只看到自己的硬件技术好，却未能看到全局。在互联网技术飞速发展的情况下，已经是软件当道的时代了，手机硬件也仅仅成为一个道具！诺基亚的境遇是由其思维盲点造成的，当敌人攻进家门时，他们才从睡梦中醒来，可惜为时已晚，回天无力！

从管理学角度上分析，我们还容易陷入"现状偏差"的思维盲区。什么是"现状偏差"思维？通俗来说，就是人们做事之前总喜欢以现有的状况作为参照来衡量，如果新的事物不能明显优于现状，则我们更倾向于保持现有的状况。这个时候，我们就不愿意进行新的尝试和改变。这在某种程度上会造成企业经营者抱残守缺、不敢与时俱进，从而步入落伍者的行列。柯达公司曾经名声赫赫，可惜在面对新一轮的数码潮流竞争中，没能及时转变思维，从而坐失良机，导致步入破产的绝境。的确，经验丰富是值得炫耀的，但一旦迷恋自己曾经的经验，并总是局限于旧有经验，而不能快速学习新观念、新知识、新技能，经验就会变成一种前进的障碍。作为管理者要想获得新的事业突破，必须打破思维的壁垒，勇敢地探索新的领域，运用新的模式，走出思维的盲点，只有这样，事业才会获得新的转机。

那么，如何避免盲点呢？避免盲点的系统化方法有哪些呢？

第一，要想避免思维盲点，你需要有一个全新的思维观念。确保将所有的问题都一字不落地扫描进你的脑海中，而不仅仅是简单地列出你喜欢的问题，记住，是所有问题。

第二，要想避免思维盲点，掌握这种具有开发问题的系统化方法，需要耐心和毅力。当你试图搜索每个角落里的好主意时，你将不可避免地遇到那些低回报的问题，想要一下子找到高回报的答案不是一件容易的事情，有时你需要将那些直观的方法与现实相结合，寻找合适的答案。

第三，要想把你的问题系统化，最好的办法是采用画逻辑树的思维方式。从一个总的问题开始，然后将它细分为若干个小问题，小问题数目越少，你就越容易做出判断。这样你就能够很快地做出最恰当的分析。

对新时代的商业人士来说，要想经营好一家企业并非易事，靠的不仅仅是你的时间和精力的投入，更需要你能全面系统地做正确的决定，且进行资源整合，实现战略和战术的完美统一。

只有这样，你才不会重蹈柯达、诺基亚的覆辙。

在互联网时代，系统化思维非常重要。这种思维在某种程度上决定了你能否做成事以及能做成多大的事。如果只盯着一个点或只思考一个侧面，你就无法全面把握这个碎片化的世界。这个世界早就被多元化的需求和表现形式分割成了碎片，你只有用系统化的思维将它们连接成片，才能看到一个完整的思维版图，才能从中找到你的事业核心所在，因为这是一个整合的时代。

乔布斯可以称得上是这个时代的创新教父，原因何在呢？就在于他的思维与单纯的技术工程师的思维不同，他不是着眼于一个技术要点，而是思考一个面。也就是说，他的思维方式是系统化思维（Systematical Thinking）。他思考的问题从来不是局限于苹果的手机硬壳或机身上，而是颠覆性地打造了一个集 MP3+Internet+Phone 三合一的 iPhone、iPad 产品。最厉害的是他还推出了 App Store，这个才是问题的关键所在。

我们的人生也是这样，很多人终其一生干什么都失败，为什么会这样？其实很容易理解，你干这个事情不行，干别的事情也未必行，尤其在现代社会，跨行业逐渐成为潮流。完全孤立存在的事物越来越少，可以说干成一件事会涉及很多因素，你必须摆平众多问题，才能做成一件看似简单的事情。所以，如果一个人一生从未成功地做过什么，那是因为他只拥有点状思维。反之，有些人干什么都成功，哪怕看似隔行如隔山的难题，到了他们手中也可能变得易如反掌。原因何在？就在于他们的思维呈现系统化网状结构，能够举一反三，打通了行业之间的界限，探寻到了现代社会成功的秘诀。

人类的思维方式在不断地变化发展，现代，系统化又成为占据主导地位的思维方式。现代系统化思维不再局限于"实体—属性"的范围，而侧重于从事物之间的联系、事物内部各部分和各要素之间的联系的角度去把握事物，使人们从整体性、相关性、结构—功能一致性、层次性、有序性等方面深刻地认识复杂的事物。系统化思维变得越来越重要，乔布斯善于运用系统化思维，因此获得了巨大的成功。

所以，作为个人，我们需要培养自己的系统化思维能力，让自己成为一个跨界跨行业的综合人才。在互联网时代，这样的思维能力是一种潮流、一种必然，如果你想在未来的世界不被淘汰出局，就很有必要认真钻研这个命题。

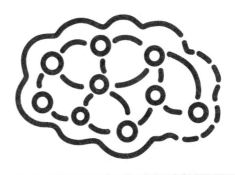

第六章

假作真时真亦假——真假虚实的思维法则

在这个世界上，有些事看上去很假，实际上却很可能是真的。有些事，看起来很真，但可能是假的。真假难辨，世事难料。在人类的定势思维中，如果认定了一个人是骗子，那么有一天这个人哪怕说出真诚的话语，仍然会被人怀疑。让我们翻阅本章，一起学习真假虚实的思维法则。

看上去真，实际是假

在现实生活中，存在真假难分的现象。很多时候，有些事情看上去是真的，实际上却可能是假的。因此，单一地看问题，看到的只是表面，要学会透过现象看本质。

有一天，拿破仑正骑马穿过一片森林。突然，远处传来紧急的求救声。于是，他快速地朝着呼救声赶过去，穿过森林，发现那里是一片湖泊，湖泊中有一位落水的士兵，只见他正挣扎着想游上岸。由于不会游泳，加上慌乱，越挣扎越往深水区漂移。岸边有几个士兵也完全不会游泳，看到同伴就要淹死却毫无办法，只好一面高声求救，一面急得直跳。看到拿破仑来了，这群士兵抢着给领导敬礼。

这时，拿破仑从士兵手中抓过一杆枪，威严地对那位落水的士兵说："看到我来了，你为什么不迎接？竟然还敢往湖中爬？快点给我回来，再往前爬我就枪毙你！"拿破仑说完，朝落水者的前面开了两枪。也许是平时就害怕拿破仑，也许是枪声惊动了落水者，只见落水士兵猛然转过身来，拼命地打水、扑腾，最后竟然爬回到了岸上。大家都为他感到高兴。这个士兵惊魂未定，胆怯地说："请陛下饶命，我是不小心才落水的，我都快要淹死了，你还要枪毙我。你的子弹就要打中我了，真把我吓死了！"拿破仑笑着说："这是一个深水湖，你再往前漂的话，就可能要沉到湖底了。我假装用枪打你，就是为了吓你，不吓你的话，你还真没救了。"

这时候，落水士兵才恍然大悟，原来陛下不是为了惩罚他，而是为了救他的命。

通过这则故事可见，拿破仑之所以成为风云人物，绝对是有道理的。他对人类心理有着精准的把握，深知人类思维漏洞之所在，所以才能够驾驭和掌控人类的思维，统领千军万马，成为历史上举足轻重的人物。

    作为普通人的我们，或许做不到拿破仑那样的辉煌成就，但学习拿破仑的思维方式，了解真假辩证思维，熟悉并运用，对我们是绝对有好处的。在这个纷繁复杂的社会中，积极主动地辨别事物的真假，让自己在社会上行走时拥有一双慧眼，看到人生真相，不被别人欺骗和控制。这种防身术的工作原理是：你的大脑在运转，让你时刻保持一种思维的独立性。

    若不保持自己的思维独立性，我们的大脑便很容易成为别人思想的跑马场。很多骗子得逞，就是他们利用三寸不烂之舌，将虚假的东西说得天花乱坠，从而诱使那些思维欠缺的人们上当，成为待宰的羔羊。很多传销组织特别善于利用人们的这一思维漏洞，将不存在的大好前景说得栩栩如生，仿佛一夜之间你就能成为亿万富翁，蛊惑着一个个思维简单的人。从这个角度来看，提高我们分辨真假的思维能力是非常重要的。我们要善于看透隐藏在日常事物背后的真相，让自己时刻处于客观冷静的思维状态中，这样我们的事业和人生，才不至于被蛊惑而偏离正确方向。

    在现实中做人做事时，我们要学会读取弦外之音。很多时候，你听到别人这样说那样做，但并非真相就是如此。就生活而言，举两个简单的例子：在饭局上认识的朋友有时候会说，遇到困难随时来找我。等你真的遇到困难找他时，可能他早已忘记了你的名字。再比如，当你去别人家或单位做客时，聊天中发现别人在打盹、频频看表或故意借题说些无关紧要的事情时，你就要明白主人的真实意思是什么，千万不要屁股沉，继续聊到对方厌烦的地步，要见好就收。

世界虚虚实实，人生假假真真，活着已不容易，要想再折腾出一些名堂，更是难上加难！所以，要想使自己的人生不白活一次，就有必要修炼自己的思维，学会在真假世界中洞察世道人心，掌控自己的人生和命运。

看上去假，实际是真

在这个世界上，有些事看上去很假，实际上却很可能是真的。有些事，看起来很真，但可能是假的。真假难辨，世事难料。在人类的定势思维中，如果认定了一个人是骗子，那么有一天这个人哪怕说出真诚的话语，仍然会被人怀疑，误认为是另一种新型骗术——这真是没办法的事情。

一位夫人打电话给建筑师，说每当火车经过时，她的睡床就会摇动。

"这简直是无稽之谈！"建筑师回答说，"我来看看。"

建筑师到达后，夫人建议他躺在自己的床上，体会一下火车经过时的感觉。

建筑师刚上床躺下，夫人的丈夫就回来了。他见此情形，便厉声喝问："你躺在我家的床上干什么？"

建筑师战战兢兢地回答："我说是在等火车，你会相信吗？"

生活在这个世界上，我们都不可避免地要与人打交道。在人际交往中，我们每个人都有被误解的时候，这个时候我们不知道如何为自己辩解。你越是为自己辩解，对方反而会更加认为你是心虚和狡辩，心里根本不会相信。所以有人说，有时解释是不必要的——敌人不信你的解释，朋友无需你的解释。不得不说这句话有它的合理性。越描越黑，说的就是这种情况。但是，保持沉默也未必正确，因为对方可能会更加认为你是默认，将加深误解的程度。这个时候又该怎么办？我也只能建议你具体问题具体分析。

在普遍的大众思维漏洞面前，每个人都会遭遇尴尬。不仅我们普通人，明星人物也一样。他们也同样会有被误解的时刻。

葛优主演的悲情电影《夜宴》，在广州首站点映时，便遇到了笑场七次的尴尬。看片人表示，葛优的"黎叔"喜剧形象已经深入人心。关于笑点的问题，冯小刚说："这么说吧，你如果单独地把葛优放到其他国家，没有人会笑。我们习惯说，你是个演喜剧的，所以我们看到你就要笑，而忽略了演员的表演。"

人生如戏，戏如人生，做人就是如此艰难。如果你天生一副放荡不羁的样子，当你说出一本正经的话时，别人一样会认为是放荡不羁的言论。一个经常演喜剧的演员偶尔也会扮演严肃的角色，由于人们看惯了他演喜剧，所以不管何时一看见他出场，大家都会一下子哄堂大笑。事实上，剧情正进展到苦大仇深的地步，但观众不管那么多，看到他那一本正经严肃的台词，大家还都认为他在故意搞笑，逗大家开心呢！他是认真的，而大家都认为是假的。这种思维悖论是人性中根深蒂固的东西，在某种意义上说很难改变。

的确，现实中说假话的人太多了，以至于我们每个人都有一种本能的怀疑精神。我们为什么说假话？很多时候，不以真面示人，是对自己的保护。如果我们时刻都手捧一颗真心给人看，岂不给了坏人可乘之机？一旦被不怀好意的恶人盯上，那"死期"就来临了。所以，每个人都戴着面具生活。每个人都有若干面具，每一个面具背后，都有各自的人事艰难。我们就是这样被培训成说假话的人，并且本能地怀疑本来真实的人和事。

以上只是从人生态度的角度，来谈论虚实辩证思维。对于有些人来说，巧妙运用真真假假的辩证思维，可以达到利益目的。很多骗子擅长运用这种思维诈术，我们不可不慎。这种虚实相间的办法，适用于很多场合。大多数骗子是在你占有一定优势和处于主导地位时运用。他们故意露出自己的缺点或者失误，然后诱惑别人上当受骗。

　　在一家字画店，有一位华侨花了一万多美元，买了两幅齐白石先生的作品。字画店老板说绝对是先生的真迹，并再三保证。这位华侨兴致勃勃地把画带回去了，然后他请了一位懂画的朋友来鉴赏一下这是否为真迹，这位画家的朋友只看了一眼，就说这两幅画是假的。华侨听了，觉得十分郁闷，当然也非常生气。他决定第二天就去找那家字画店，把这两幅画作退还。可没想到，当天晚上，字画店的老板给他打来了电话，连声道歉，说由于自己的疏忽将两幅临摹的作品卖给了华侨。他一直没发现，直到商店关门，检查账务和收检书画时，才发现了这件事，于是立刻给华侨打来电话，并答应华侨明天一早就可以去他们店退钱或换回真画。

　　本来有着一肚子气的华侨，在接到商店老板的电话之后，不仅气全部消了，内心反而对这位老板心生好感，认为他知错能改，是一位值得尊敬和令人感动的商人。第二天，这位华侨去了字画店，老板对于昨天的事情再三道歉，并表示，如果华侨还愿意购买画，他愿意把两幅真迹以昨天的价格出售，如果不愿意购买，可以退款。店老板说着，就把那两幅精心装裱的画从保险柜里取了出来。

这位华侨觉得老板非常真诚，就以昨天的价格把老板口中的这两幅真品买走了。这次，华侨出于对字画店老板的信任，也就没再去检验画作的真假，因为这位华侨心中认定这必是真品无疑。好几个月过去了，有一天，这位华侨突然从一本艺术杂志上看到有关自己购买的这两幅画的消息，这才知道自己买的那两幅画是假的，因为真的画作现在收藏在一个艺术研究所内。

从上面案例中可见，表面上看这个老板无意行骗，他卖出假的画只是因为不小心拿错，实际上他是真的在实施骗术，他的目的是为了麻痹对方——既卖出了假画，对方还信任他，从而达到真正的行骗目的，这不得不说是一种高明的骗术。

在商业社会，这样的情况屡见不鲜。很多商人为了牟取暴利，故意假装这个东西价值很高，无论你怎么哀求都不卖给你。其实这只是为了吊你的胃口，一旦时机成熟，等你入了他的圈套，就会狠狠敲你竹杠。也有一些人假装傻里傻气的样子，在巷子里卖古董，你以为对方真的傻，其实对方只是在装傻。等你将古董买到手中，就会发现最傻的人是你自己。所以行走在社会中，我们要看穿假中的真和真中的假，这样才能保证你的人身安全。

其实，骗子采用的是虚实辩证思维，难道只有骗子才能运用这种思维策略吗？事实上，这种思维策略我们每个人都可以用到，当我们遇到危急的事情、在很难找到解决办法时，就可以采用虚实辩证法来解救自己。

有一位打扮入时、衣着光鲜的女子，浑身珠光宝气，手里提着一个 LV 包走在大街上。突然来了几个流里流气的青年，他们看到女子的穿着打扮，像是个有钱人。于是顿生歹意，围住这位女子，要她交出自己的贵重珠宝和随身携带的包。这位女子惊慌失措，不知如何是好。眼看歹徒就要把她的东西抢走，她顿时有了主意，大哭起来，然后开始数落自己不该爱慕虚荣，戴这些假首饰，从而给自己惹来大祸，也间接害了这几位有为青年。这些人一听，立刻停住了手，问这位女子原委，这位女子哭着说自己只是一名失业女子，因为要去和大学同学聚会，害怕同学们说她穿着寒酸，便特意去买了这一身的假名牌，其实都是地摊货，总共也不到 200 块，身上的珠宝和手里的包，也都是假的，可现在这一身打扮，竟然使他们误以为自己是个有钱人，她说很对不起他们，害得他们将要沦落为劫匪的地步。这几个年轻人一听，呸了几声，松开这位女子，扬长而去。而这位女子呢，也凭借自己的智慧躲过了一场劫难。

实际上呢，女子身上的东西都是真的，因为害怕劫匪抢劫，她故意编造了谎言。

我们不得不承认，有时候伪装也是一种智慧。伪装是为了更好地保护自己，不让自己受到伤害。这个世界远非你想象得那样单纯，更没你想象得那么美好，我们必须保护自己，不让自己置身于风口浪尖上。比如刚才所说的那位工程师，若他在女人丈夫刚开门进来时，便立即拿起螺丝扳手假装忙碌，也就不至于产生那么多误会。

在现实生活中，总会有这样的聪明人。有一个朋友在旅馆过夜时，听到隔壁黑道人士密谋要进行犯罪行动，听得自己胆战心惊。这个时候外面门被人打开了，他想一定是隔壁人过来查看是否有人偷听。朋友心想，如果这些黑道人士发现秘密被他偷听到了，肯定会对自己下毒手。这位朋友此时就在脸上、被子上故意沾满口水，并且发出很大的酣睡声。罪犯看到这位朋友这个样子，都以为他睡熟了什么都没听到，也就打消了杀人灭口的念头。这位朋友因此保住了性命。虽然弄虚作假不是什么光荣的事，但在危急时刻，装傻充愣，也未尝不是一种智慧的选择。如果你在职场中打拼，那就更要学会这一招。当领导与大客户谈论机密问题时，如果你不经意听到，要假装没有听到，可以故意装作看资料或埋头看电脑，让领导丝毫不怀疑你的野心。

有时候，故意暴露自己的缺点，也能让你化险为夷。有一些偷税漏税的人，故意在账本上露出一些小的错误，使那些前来查账的人立刻就能看出来，然后他们马上承认，那些资历较浅、经验不足的税务人员以为已经查到了问题，于是在后面的检查中就可能不会再那么仔细，便忽略了那些隐藏较深的逃税问题。当然，我并不是教你偷税漏税，而只是通过这件事说明一个道理。同样的情况还有：一些拍摄电影的导演，在提交审批影片时，故意在影片中保留明显敏感的镜头场景，这样便于让审查官发现，从而忽略一些隐藏很深的问题，最终确保影片原汁原味，将自己的真实思想展现给公众。

人类的思维就是这样一个循环反复的复杂漩涡，真假在巧妙地切换，你看上去是假的，可能背后隐藏着真实的目的。我们要想成就一番事业，如果对这样的一种思维缺乏了解，就会陷入一团迷雾之中。所以，从今天开始认真观察世界，揣摩人心，以便让自己的人生、事业更上一层楼。

看上去真，实际也是真

如果我问你：骗人的最高水平是什么？你一定会琢磨很多种手段，但我告诉你，那些都是雕虫小技。真正高水平的骗人是——用 100% 的真话骗人。

真话也能骗人？这到底是怎样的一种思维逻辑？事实上正是如此，只有真话才能让人更加相信，因为真实的谎言才是最能让人相信的谎言，否则无论你如何掩饰都会露出破绽。一个人只有从心理上做到了"不欺"，才能真正做到从容淡定。

这个世界充满了欺骗，每个人都有过被骗的经历。每个人都被骗怕了，所以在很多时候，每个人都在思考、辨识自己是否处于谎言之中。西方有句经典名言："人心比万物都诡诈，谁能识透呢？"要完全了解一个人的心，恐怕比海底捞针还难。即使是平日里的互动，人们也会有吃亏上当的惨痛经验，在经历被欺骗后，总会懊恼不已。所以在某种时候，人们对虚假的事情逐渐有了免疫力，人的思维就会建立一个过滤系统，自觉地排斥虚假情况。这个时候，你如果想赢得现实的成功，就必须以真实的行为去打动人心。正如名言所说：事实胜于雄辩。就像有的时候领导听奉承的话听腻烦了，若有人在此时说些真话，这个人会更受领导的青睐并有望被提拔。这都是人思维的奇妙之处。

真实的力量不仅可以打动领导，甚至可以搞定罪犯。

为什么这么说呢？请看下面的案例——

有一个美容师，我们就称他为杰姆吧，他的美容技艺非常高明，能够使60多岁满脸皱纹的男子，变成一位30来岁的英俊青年。当然，只要有人愿意，他也可以把一个魅力十足的摩登女郎，变成一个丑陋的老太婆。

正因为杰姆的名气很大，因此慕名前来的人很多。这一天，他家里来了一位不速之客。这是一位刚刚越狱的杀人犯，只见他杀气腾腾地用匕首指着杰姆说："现在警察到处在搜捕我，我要立刻离开这里，你立刻为我化妆，将我打扮成另外一个模样，不答应的话立刻杀掉你，反正我也不在乎多伤害一条人命，不过如果你乖乖地听我的话，我就不会伤害你。"虽然杰姆恨透了这个越狱犯，但为了保命，不得不按照他所说的做。

杰姆一边想着对付这个越狱犯的办法，一边顺从地问道："你想打扮成什么样子？化装成女人还是男人？"越狱犯说："不能化装成女人，化装成女人行动不便，你只需给我换个长相就可以了。"

杰姆说："好，那我就把你化装成一位非常丑陋的40岁男子吧，这样的人不容易引起人们的注意。"

果然，杰姆的技术不容置疑，不一会儿，一位面目丑陋、皮肤黝黑的中年男子出现了。罪犯照照镜子，觉得现在的自己根本就不是以前的自己了，连一点蛛丝马迹都没留下。他满意极了。

罪犯在离开的时候，怕杰姆去报警，还是把杰姆绑了起来。越狱犯高兴地哼着小曲出门了。可令他没有想到的是，他刚一出现在大街上，就被警察盯上抓走了。

难道是警察发现了他吗？

其实，这一切都是杰姆的精心策划。杰姆心里恨死了这个越狱犯，但又不能明目张胆地抗拒，怎么办呢？突然，他想到了一个好主意，几天前他在网上看到过一个追捕通缉犯的启事，由于职业习惯，他记住了通缉犯的照片。于是，杰姆将计就计地把那张脸和越狱犯的脸重合在一起。看似杰姆给越狱犯换了一张脸，但越狱犯还是逃脱不了被抓的下场。因为他现在的脸是通缉犯的脸，看似换了新的面孔，但在别人眼里，他就是那名通缉犯，当然会被警察抓走。

作为一个像老狐狸一样精明的罪犯，你如果耍任何一点诡计都会被对方看穿。对付这类人物，只有用老老实实的策略搞定他。让他相信你是老实的，你所做的一切都是真实的，都是在他的期望中进行的。当然，你可以在真实与真实的组合中，进行巧妙的移花接木。杰姆所做的整容手术是真实的，整容的面貌也是真实的，让对方不会有任何怀疑。这才是让老狐狸上当受骗的办法和策略，办法简单有效，策略既能保护自己，又能不让罪犯逃脱。

人类的思维模式就是经验主义，没上过当的人天真，屡次上当的人，自己都练成了狐狸——看到那些心眼多的人就会害怕，躲着走，对那些花言巧语的人也会退避三舍。只有说真话办实事才能让老江湖们相信。你只有真实地做事，才能与对方建立信任关系。建立信任关系之后，即使有不真实的一面，他们也自然而然地能够接受。人的思维漏洞就是这样产生的。

这个道理很容易理解。两人之间如果有坚实的信任基础，不管你说什么、做什么，对方都会往好的方面理解。反之，如果双方信任基础薄弱，不管你说什么、做什么，对方都会往坏的方面解读。就拿恋爱关系来说，作为女方，如果信任男方，即使男方劈腿晚归，他只要找个"招待客户"的借口，就可了事；如果怀疑男方，即使真的招待客户，并如实汇报，也会让女方怀疑。

从某种意义上说，只要能够建立信任关系，谎言会变成真话、真话也会变成谎言，在之后的你就能随心所欲。当然，我这样说并不是鼓励人们说谎，而是让我们在处理事务的时候能够更加得心应手，不至于寸步难行。

在具体的工作中,学会运用这样的思维工具是非常有效的。

曾经就任过美国联邦调查局局长的胡佛，也被人用这个方法"骗"过一次。也许你会说胡佛的心机那么多，还会上当？事情的经过是这样的：有一名特工将要被提拔为迈阿密地区特警队的负责人，在被提拔之前，胡佛要见一见他。于是就出现问题了，当时联邦调查局有个不成文的规定，凡是特工，都要严格控制自己的体重，可这位特工发福得非常厉害，是个大胖子，一旦胡佛见了他，别说提拔，不罢免他就已是奇迹。

怎么办呢？这位特工是一位智商非常高、很有点子的一个人。他琢磨着，要想不被胡佛罢免，还是有办法的，那就要让胡佛相信他一直在积极减肥中。哦，办法有了，这位特工跑到街上买了一套比自己平时穿的衣服要大很多的衣服，当他穿上这套衣服时，原本大腹便便的胖子，便变成了一个瘦身成功的瘦子，这就是运用思维转换想出来的解决办法。

等这位特工穿着这套衣服去见胡佛的时候，他一见面就开始感谢胡佛，说正是因为有了胡佛的控制体重的要求，才挽救了肥胖的他。他一直在积极地服从领导的命令，一直在减肥。听到特工这样的话，胡佛也不再计较这位特工的肥胖了，还连连夸奖他办事认真，服从领导呢！

在这件事情当中，特工并没有掩饰自己的肥胖，因为肥胖这件事是真的，改变不了，那么只要使胡佛相信他已经服从控制体重的命令即可。于是，他穿上那套大号衣服，外观上看起来，他是瘦了一大圈。因此，胡佛相信了他的话。

本来就是真实情况，再加上巧妙地掩饰，使事情看起来也确实是真实的，这是一种利用人们的思维惯性来迷惑对方的手段。

在现实世界中，我们受思维惯性迷惑的情况比比皆是。我们被一种真实的谎言所包围。因此，每天都在说的，未必是正确的。

有个段子讲人的口是心非，是这样说的："说股票是毒品，都在玩；说金钱是罪恶，都在捞；说美女是祸水，都想要；说高处不胜寒，都在爬；说烟酒伤身体，都不戒；说天堂最美好，都不去。"这段话揭示的就是世人的思维怪圈。每一句话都是真实的，但我们的思维习惯让我们就是无法保持真正的客观和冷静。有时候就是这样，我们明知道是骗局，但仍然让自己情不自禁地往里钻。

在现实生活中，我们经常听到这样的话——医托对病人说：如果你能够坚持服用我的药两年，保证你的病全好；分手时女的对男的说：你真的很好；老板对职工说：砸了铁饭碗，就业就自由了，效益就高了——这些话到底是真还是假？可以是真也可以是假，全看你如何理解，如何去做。

有个著名主持人曾说："在一个人们习惯了假话的环境中，有时说真话就是说笑话。"为什么真话反成为逗人笑的话呢？这发人深省！一个人如果说了一个谎，就需要不停地说另外的谎来圆前面的谎，于是总会有露出破绽的时候。想要真正地骗住一个人，最好的其实不是说谎话，而是说真话。就算一个黑社会老大对马仔笑着说："如果不好好干我就弄死你。"也会使马仔紧张、害怕。虽然是一句玩笑话，但也可能变成真话，因为老大随时可以做到他所说的。所以，这世上真正能够骗死人的，不是谎话，是真话。

这并不是鼓励歪门邪道，一个人想在世界上立足，只靠歪门邪道是行不通的，我们需要诚实——这是现实生活中必有的思维。当大家都认为造假是上策时，你采取真实的策略反而能够更好地获得成功。

看上去假，实际也是假

人性天生是多疑的，你越呈现出虚假的状态，对方就越信以为真。当你遇到实力空虚以及面临压力走投无路时，就可以采用"虚而虚之"的思维法，帮自己渡过难关。凡是能够在社会上有一席之地的"牛"人，无一不是对虚实思维策略运用娴熟的人。

看上去假，实际也是假，可以理解为"虚而虚之"。很多时候，这并不是一种诈术，只是困境中的自救法宝。很多人肯定会提出疑问，难道世上真的会有傻子被你虚假的样子给唬住吗？你别说，还真有这样的人。其实很简单，你去牌局观察一下就知道。很多人手里抓到的是一副烂牌，照样装出很牛的样子，让对方不知底细，甚至让对方误以为他的牌很好，从而被吓得每出一张牌都胆战心惊，甚至主动认输投降。还有些拿着一副好牌，但故意假装胆怯，诱使对方轻敌，从而赢得牌局者大有人在。由此可见,这种"虚而虚之"的心理诡计,在现实生活中无处不在。

这种思维模式的奇巧之处在于:故意假装出一种姿态,让人无法辨别其内在的真假。在具体的运用中,需要我们正确及时地把握对方的战略、背景、心理状态,然后将对方的心理状态拿捏得恰到好处,只有这样,你才可以因时、因地、因人地以虚实思维化解难题。如果你了解对手不够,就没有十足的把握,这种思维策略在使用前就要三思。

公元前6世纪,古希腊的毕阿斯就用过此计。当时邻国攻打普利恩涅,普利恩涅无力抵抗,毕阿斯便想出一计:他将两头运货的骡子披上护甲,将其赶入敌营。敌方见对手的牲口都是全副武装的,非常吃惊,随即派信使进城观察,又发现城里到处堆满粮草,便觉得普利恩涅早有战争准备,于是只得选择退兵。其实那些粮草,只有最上面一层是粮食,下面都是沙子。

这个例子告诉我们,如果你知道对方具有谨慎、多疑而揣测的心理状态,则可以尝试采用这种思维策略。性格决定命运,更决定其做人做事的风格。有些人就是这样,看起来明明虚假的情况，他们反而可能认为是真实的，对于明明真实的情况，他们偏又怀疑。因此用这类思维策略对付他们再合适不过！如果要对付那些性情直爽、果断鲁莽的人，运用这种思维策略就十分危险！因为对他们来说，你搞那些虚假的东西没用，他们根本就不会动脑子考虑，而是直接付诸行动！那么，你蓄谋良久的心理战术就会白白落空，收不到良好的效果。

在国际商战谈判中，这种"虚而虚之"的思维谋略十分常见。一般来说，这种思维策略的运用，一要智慧，二要胆识。每一个细节都要拿捏精准，做到知己知彼、审时度势，绝不是心血来潮、随便就付诸实践的。商界牛人都不是浪得虚名，大都是玩转人性心理的高手，他们的思维比普通人要强大十倍以上。

日本 DC 公司经理山本村佑，有次与美国一家公司谈生意，美国方面已经知道 DC 公司面临破产的情况，就想用最低价格把公司的全部产品买下。DC 公司如果不卖，资金就无法周转，而如果以最低价格卖给美方，DC 公司就会元气大伤，一蹶不振。当时山本村佑的内心非常矛盾。但他是一个不轻易流露自己内心想法的人，当美方提出这些要求时，山本村佑便叫来人问，问去韩国的机票是否已准备好，如果准备好了，他明天就飞往韩国，谈一笔更大的生意，并表示对同美方合作的这桩生意的谈判兴趣不大，成不成对他都无所谓。山本村佑的这种淡漠超然的态度，令美方谈判代表丈二和尚摸不着头脑，他们急忙打电话告之美方总裁，因为当时美方也急需这些产品，总裁最后下决心以原价买下这些产品。DC公司因此得救，人们不得不佩服山本村佑惊人的谈判艺术和掩饰自己内心世界的本领。

面对一个项目，越是想要合作，越要假装不重视或不着急，从而将主动权掌握在自己手里，让对方乖乖就范。事实正是如此，每个人都在权衡利弊，就像跷跷板游戏一样，心理游戏是一门大学问，看不见硝烟战火，但心理的拉锯战无时不在进行着。所以，商界高手总会将自己的真实意图掩盖得非常好。在竞争激烈的商业战场上，高明的商人即使内心波浪翻滚，表面上仍然假装风平浪静，掩饰自己，以迷惑对手，他们深谙"虚而虚之"的思维之道。因此他们总能化解各种难题，让事业顺风顺水。

从某种意义上说，善于运用虚实思维策略的人，头脑一定很灵活。他们不是那种墨守成规、冥顽不化的人。国际电商巨头贝佐斯认为：思维灵活是一种好的品质。你明天的想法跟今天的想法有冲突，这事很正常，甚至应该被鼓励。贝佐斯发现，那些最聪明的人会不断地修正他们对某个事物的看法，并会重新思考那些已经解决的问题。他们在面对新观点、新信息、新想法、新矛盾、新思维方式的各类挑战时，自己的思维都非常开放。他们头脑里的思维呈现一种变换状态，可以在虚实之间灵活切换，从而确保自己能够操纵整个市场，让自己不陷入单一视角或别人的陷阱之中。

为什么"虚而虚之"的思维策略能够获得成功？这是由人们的思维惯性决定的。一个人到了一定年龄，都会形成一定的思维模式。罗曼·罗兰在《约翰·克利斯朵夫》中说："多数人本质上只活到 20 到 30 岁，这个年龄层一过，他们就成了自己的影子，余生也只是在模仿自己的过程中度过，并且以一天比一天更机械、更离谱的方式，重复他们以前说过的、做过的、想过的、爱过的人与事。"确实如此，我们每个人都逃不脱自己的影子，不论是看待世界，还是做人做事都是从固有思维出发。如果有一天我们中了别人的思维诡计，不要生气，因为并不是别人骗了你，而是你自己的定势思维骗了你。

再聪明的人都会陷入自己的思维定势中。仔细回想一下，当年在工作时，你认真学习领导教给的新手艺、新技术以及注意事项，这些经验渗入你的血液深处，并逐渐成为你的定势思维，以至于你后来运作类似的项目，都会受这种定势思维的指导。如果当年你曾失恋过，或者被自己深爱的人伤过，那你就会本能地对爱情存在一定的疑虑，面对新的感情就很难做到全身心投入。你的思维定势在左右你的判断。我们的人生也是如此，一个总是遭遇失败的人，当面对一个很有前途的机遇时，同样会犹豫不决，他担心遭遇再一次失败，定势思维让他生活在失败的阴影中。而成功者将很容易获得新的成功，因为他品尝到了成功的滋味，并掌握了一套成功的秘诀——在他们的思维逻辑中，成功并不是什么很困难的事情。正因如此，他们总会一次又一次成功。

在品牌营销领域，"虚而虚之"的思维策略正被运用得如火如荼，它的新名字叫"饥饿营销"，相信你一定不会陌生。"饥饿营销"是指商家故意限制产量，以期营造出一种供不应求的假象，让大众追随，同时维持较高售价并获得较高利润。这样的营销策略一方面可以打造高端品牌形象，另一方面也可以大大提高商家的利润。在西方，这种营销策略被运用得非常广泛。在国内，这种营销策略也逐渐盛行起来。比如购买新车的时候，往往没有现车，需要提前交定金排队等候；购买房产时，大都不是现房，而要先登记交诚意金；商场海报以及购物网站通栏广告，也总是以"限量版""秒杀"为噱头吸引公众眼球。

如果冷静思考一下，我们就能明白，在物质丰富的今天，供不应求的现象是比较少见的。那么，为什么还存在大排长龙的现象呢？很多时候这并非缺货的原因，事实上这正是商家设计的思维圈套，从而吊足目标客户的胃口，缩短他们抉择的时间，让他们快速地做出购买决定。通过"饥饿营销"营造虚假的畅销氛围，最终达到真正畅销的目的。

很多时候，人生也存在这种情况。有些很富有的人可能怕被坏人盯上，以及怕周围的人向自己借钱，会假装资金周转不灵、手头总是缺钱的样子；而很多穷人为了得到别人的尊重，则可能假装自己很有钱。所以，越是那些穿金戴银高调行事的人，越不一定是富豪，真正的富豪往往低调。在残酷的现实社会中，这是非常必要的生存策略，值得我们学习和借鉴。

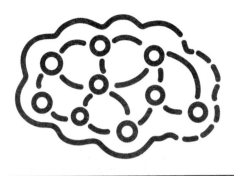

第七章

走出低谷期——逆境中的思维策略

　　每个人都会遇到逆境，面对逆境，有的人一蹶不振，而有的人则能柳暗花明，引爆体内更强大的潜能，其根本区别在哪里呢？这是人生的一场考验，如果能够转变思维，你就能扭转局面，从而改变自己的命运。学会逆境中的思维策略，你就能够从希望中得到欢乐，在苦难中保持坚韧。

总有一条路适合你

我们每个人来到这世界上，都是独一无二的。德国哲学家莱布尼茨说："世界上找不到完全相同的两片树叶。"所以，世界上你也根本找不到另一个与你一模一样的人。你就是你，你的个性，你的思想，都是唯一的存在。既然这样，我们为什么不好好地做自己，尽情地发挥自己的生命能量呢？为什么总要跟在别人的影子后面呢？

伟大的发明家、企业家乔布斯曾说："只有爱你所做的，你才能成就伟大的事情。如果你没找到自己所爱的，请继续找，别停下来。就像所有与你内心有关的事情，当你找到时你就会知道的。"我们人生的目的就在于创造自己存在的价值。在广告业，追求独特创意是广告公司生存的法则。人生又何尝不是这样的呢？所谓的创意就是要活出自己的特色，而不是过千篇一律的生活。我们每个人的人生也是一样，天生我材必有用，努力并珍惜。

1978 年，大卫·奥格威出版了他的自传《大脑，生血和啤酒》。他在书中说："我的生命在不同的空间里度过了几个阶段：在巴黎做厨师、在苏格兰卖炉具、为好莱坞做民意调查、服务于情报机构、在阿米什人那里做农民，然后创办广告公司。"

奥格威在纽约创办奥美广告公司的时间是 1949 年，那一年奥格威 38 岁。那时，他没有文凭、没有客户，银行账户里只有 6000 美元。10 年过后，奥美公司成为全球最大的 5 家广告代理商之一，在 29 个国家设有分公司，拥有 1000 个客户，营业额 8 亿美元。同时，奥格威也赢得了各种赞美之语：奥格威以他敏锐的洞察力和对传统观念的抨击照亮了整个广告业，令任何广告人都无法企及。1982 年，法国的《扩张》杂志对工业革命做了专题报道，并推举出 11 位对工业革命具有影响的人物，大卫·奥格威与爱迪生、爱因斯坦、列宁、马克思等排在一起，该杂志把他称作——现代广告教皇。

一个人从厨师到现代广告教皇，这是怎样一种惊人的跨越？如果你天生适合做伟大的创意，非要让你做厨师，是对你的残害。你可以发现并释放自己的潜能，在横冲直撞中找到正确的道路，找到活力四射的自己！

总有一条路是最适合你的，总有一个舞台是为你准备的，就看你是否有胆量追求。你没必要在自己不喜欢的工作中消磨时光，也没必要畏惧新的事业开始得太晚，人生已经蹉跎。记住，只要你想开始，就永远不会晚！奥格威开始做广告公司的时候，已经 38 岁！对他而言，他的人生才刚刚开始！如果你将 38 岁的自己定格为暮年，那最适合你的职业是守墓人！

对于人云亦云的人来说，一旦个性被淹没，创意也将被扼杀，以至于找不到真正的自我，后果也将非常严重。那些死气沉沉、单调死板的工作，最容易扼杀人的想象力。本来你是个方形的榫头，可你偏要挤进圆形的榫眼，虽说同样是每天按时上下班，可工作会变得毫无活力。等时间久了，你会发现自己身心俱疲，你开始愤世嫉俗，抱怨怀才不遇，或者无奈认命，默默等死——你喜欢这样的人生吗？

每个人都渴望功成名就，至少不能沦落到穷困潦倒的地步。而最快捷的路线并不是把自己篡改得面目全非，而是切实地找到自己的价值所在、兴趣所在、天赋所在，你是方形的，就不要硬把自己砍削成圆形的。你迟早要听从你内心的召唤，无论你走多远的弯路，终有一天要回到原点，这里才是你奋斗的动力源泉。

回到原点的人是幸福的，大多数人都耗死在了弯路途中，他们一生也没找到正确的路途，白白浪费了上天赋予他们的使命和才能。我们需要明白的是，我们都要努力地去做自己，独一无二的自己，但有时候我们还是避免不了"同流合污"，这是为什么呢？归根结底，人是天生的群居动物，每个人都想找个圈子，以增加自己的安全感。可这样问题就来了，当我们进入圈子之后，很容易就会被圈子里的思维同化，逐渐失去自我独立思考的能力。

让我们举例来说明吧：如果你所在单位的人员超过 10 个，就会自然形成一个个小圈子。你在圈外的时候，会有自己的独立人格和思维模式，你会按照自己的思维方式做事。一旦你融入了小圈子之后，你的思维就会变得和大家一样，不自觉地就会按照别人的思维方式去思考，但这本身又不是你的风格，你会感到迷茫和无助。于是，你的人生陷入了一个死胡同。

死胡同是可怕的，那怎样才能走出思维迷局，突破人生的死胡同？说到底，人所有的迷惑其实都是思维上的困惑，如果打破了思维里的墙，你就能够让自己的人生变得海阔天空。为了避免陷入死胡同，我们在进入某个圈子的时候就要想明白，是否需要牺牲自我的个性和独立思维能力、做出这样的牺牲值得吗、如何才能保持自我的独立性，等等。最根本的是弄明白这个圈子的思维是否与自己的个性和人生目标相一致，如果不相符，那么尽早寻找相符的圈子才是良策。如果背道而驰，建议你还是尽早放弃为好。

人活着，并不是为了寻求舒适的圈子，在安全感的享受中堕落。更重要的是，要考虑自己的一生要做些什么，什么样的圈子才能激发你的生命热情，什么样的圈子才能有助于你的成长，这是十分重要的。所以，在寻求合适圈子的道路上，你可以着手进行一番侦查工作。如何侦查呢？说到这里，互联网就是一个很好的工具。当你选择职业圈或朋友圈的时候，你可以通过网络查看相关资讯，看看圈子的特点和整体定位是否符合你的自身特点，是否符合你的理想目标，看看有没有适合你特长、兴趣或性格的圈子，当你觉得还不错的时候，请大胆加入！找到圈子里的老前辈，与他们探讨你关于人生等问题的思考与理解。他们的一席话可能胜过你苦读十年书。这不是说笑，而是非常有可能的。你还可以向对方谈谈你的抱负和雄心壮志，以及你未来想要做出的成绩。可能你的想法并不十分正确和成熟，所幸的是他们能够协助你完成你的梦想，推动你事业的前进。

乔布斯说："你的时间有限，所以不要为别人而活，不要被教条所限，不要活在别人的观念里，不要让别人的意见左右自己内心的声音。最重要的是，勇敢地去追随自己的心灵和直觉，只有自己的心灵和直觉才知道你自己的真实想法，其他一切都是次要的。"的确如此，成功并不是遥不可及的，听从内心的召唤，而不是像扔垃圾一样丢掉自我。从今天开始，全面引爆上天赐予你的生命能量，只有做一番伟大的事业，才不虚此生！

逆境是人生突围的机会

　　每个人都会遇到逆境，面对逆境，有的人一蹶不振，而有的人则能柳暗花明，引爆体内更强大的潜能，其根本区别在哪里呢？

　　当一个人置身逆境之中时，能否成功跨越，主要在于他是否有卓越的思维。事实上，我们应该认识到，逆境并不是旅程的终结，而可能是创造奇迹的开始。能够这样想的人，除了有与众不同的思维，还需要有过人的胆量。所以，能够战胜困难并获得成功的，往往只是少数人，大多数人陷在了逆境的深渊之中，万劫不复。

　　确实如此，对成功人物来说，越是逆境，越能激发其战斗激情。人人都渴望成功，试一次就能成功，这样当然最好，但现实并不总是如此顺利。即使天才乔布斯，也曾经置身于黑暗的谷底，当年他被自己创建的苹果公司开除，自己的所有潜能得不到认可，人生面临重大抉择，他并没有自暴自弃，而是奋力向前。乔布斯曾说：

生活有时候就像一块板砖拍向你的脑袋，但你不要丧失信心。热爱我所从事的工作，是唯一一直支持我不断前进的理由。你得找出你的最爱，对工作如此，对爱人亦是如此。工作将占据你生命中相当大一部分时间，从事你认为具有非凡意义的工作，方能给你带来真正的满足感。而从事一份伟大工作的唯一方法，就是去热爱这份工作。如果你到现在还没找到这样一份工作，那么你就继续找。不要安于现状，当万事了然于心的时候，你就会知道何时能找到。如同任何伟大的浪漫关系一样，伟大的工作只会在岁月的酝酿中越陈越香。所以，在你终有所获之前，不要停下你寻觅的脚步，不要停下。

在这炽热的言论中，你能感受到什么？生命的激情！是的，身在逆境，只有保持激情，让你的激情燃烧，催促你前进，只有这样，你才能赢得人生的转机。同时，要想获得人生突围，你必须具有创新性思维，同时还要具有对工作的兴趣和热情。没有热情，一个人就很容易放弃正确的东西，就很容易在哪怕一丁点困难面前失去信心。一个对理想抱有坚贞信念的人，逆境只是对其心智的锤炼，只能增强他的抵抗力，让他更好地抵达成功的目的地。

逆境从来都不意味着失败，它的背后蕴藏着一个巨大的金矿。美国前总统肯尼迪认为危机有两层含义：危虽然意味着危险，机却意味着机遇。所以，他对待逆境的态度是："从希望中得到欢乐，在苦难中保持坚韧。"不管是政治圈，还是财经圈，面对逆境都像是家常便饭，这个时候痛苦绝望是避免不了的，但你不能一蹶不振。这是人生的一场考验，如果能够转变思维，你就能扭转局面，从而改变自己的命运，在不平衡中取得平衡，在逆境中变劣势为优势，让逆境成为自己人生的助推器。

大家知道，金融危机是商业人士的噩梦。面对这样的逆境，很多富豪遭遇失败从此一蹶不振，但也有一些富豪，不论多可怕的金融危机，他们均有自己的一套逆境致富方法，以确保自己赚钱。根据商界大鳄的经验总结来看，他们在逆境中赚钱的方法有两种：做富豪或穷人生意。英国贫富悬殊，富豪榜上的部分富豪在遇上金融海啸时，生意仍如火如荼，有两大法则可循：一是继续向富人提供奢侈生活，二是与经济面临困境的中产阶级或穷人共克时艰，提供优惠。

在一次金融危机中，45 岁的酒店业大亨戴维斯，在英国郊区经营着 30 家豪华酒店，酒店提供的服务同样奢华得令人咋舌，一份三明治索价 100 英镑，被《健力士世界大全》列为全球最贵，但这并不影响它的销量，可想而知戴维斯的财富有多少。连锁酒吧 JD Wetherspoon 的营商哲学则截然不同，这家连锁酒吧提供非常便宜的套餐，火腿鸡蛋薯条餐，这同样让创办人兼董事会主席马丁的身价增加了 4000 万英镑。

亿万富豪的思维确实与普通人不一样，所以无论出现什么样的逆境，他们总是商界不倒翁。如果你想成为亿万富豪，先不要急着拼命加班工作，先调整你的思维模式。只有你的思维转变为富人的思维，你才有希望成为一名富人，否则你将处于无休止的加班中。在逆境中，你感到的是绝望，甚至觉得连找份工作都十分困难，而别人在其中发现的却是大把大把赚钱的机会。这样的比较，实在是让人惭愧和汗颜，我们还有什么理由不改变自己的大脑思维呢？

人是一种不满足的动物，都渴望自己的人生圆满成功，所以面对逆境，每个人的思维深处都有一股不服输的精神。但蛮干是不行的，蛮干只能让自己撞个头破血流，我们的思维要改变，而且心智要成熟。海尔集团 CEO 张瑞敏曾说："我既然能在冬天的严酷环境中生存下来，可能我在春天就会成为最漂亮的。"是的，如果你能够在逆境中生存下来，那么一旦时来运转，你就能迎来春风得意的时刻。

逆境从来不会打败一个人，除非你自己放弃或消失。如果你选择对了自己的目标，放弃将是非常可惜的。逆境只是锤炼心智的课堂，正如一把宝剑只有经受住冰与火的冶炼，才能变得锋利，变成人人争抢的宝剑。人的一生也是如此，要么被逆境打败，要么在逆境中成就伟业，一切都掌控在你的思维中。

如果你正处于事业或生活的逆境中，不要焦虑，不要慌张，请做好你生命中最重要的抉择吧！刹那的选择，将改写你的一生。

使人伟大的，往往是困境

众所周知，健商、智商、情商、财商常常是评价一个人素质高低的重要标准。其实，除以上"四商"之外，还有一个词：逆商。逆商是美国职业培训师保罗·斯托茨提出来的。逆商（AQ）一词来自英文 Adversity Quotient，全称为逆境商数，一般被译为挫折商或逆境商。它是指人们面对逆境时的反应方式，即面对挫折、摆脱困境和超越困难时的能力。这样说来，逆商对一个人的影响更是不容忽视，它往往决定了一个人人生的高度。

关于挫折，法国著名现实主义文学家巴尔扎克说："挫折对于弱者来说是一个万丈深渊，而对于强者则是一块前进的垫脚石。"从这句话中不难看出，逆境既可以成就一个人，同样它也可以毁灭一个人。比如在同样面对逆境时，具有高逆商的人自我弹性比较大，他不会被困难压垮，而是以一种积极乐观的心态来面对，并能够找到解决问题的最佳办法；反之，当一个逆商低的人面临逆境时，他会表现得非常悲观、沮丧，并最终让自己的人生在绝望中变得一事无成。所以，从这种意义上来说，一个人要想获得成功，不仅要具备娴熟的专业技能，更要具有一种敢于挑战困难、应对逆境的胆识和魄力！

喜欢股票投资的人都知道，在股票界有一个被称为"乞丐股票大王"的犹太人，他从乞丐出身，最终却成为股票界的巨人。此人就是股票投资中的传奇人物约瑟夫·贺西哈。

约瑟夫·贺西哈出生于一个普通的犹太家庭，虽然生活不算富裕，却是在兄弟姐妹的相互陪伴中健康成长的。然而不幸的是，在贺西哈 8 岁时，一场意外的火灾彻底毁灭了这个原本幸福的家庭。之后，他的兄弟姐妹们相继被好心人领养。当一对夫妇准备领养小贺西哈时，他却倔强地说："我哪里也不去，我绝不会离开我的妈妈！"从此，他与他的母亲相依为命，生活在脏乱差的贫民窟中。

然而，小贺西哈人生的灾难并未就此打住。更不幸的是，他的母亲在一次意外中被烧伤。由于没有足够的钱来治病，贺西哈的母亲只好住在几十个人的大病房中。看着母亲痛苦不堪的表情，贺西哈明白了金钱的重要性。于是，他在心中暗暗发誓："我一定要赚足够多的钱，让母亲过上富裕的生活！"

为了赚钱养活母亲，贺西哈做了很多种工作。一个偶然的机会，贺西哈接触到了股票，并立志要在股票领域打拼出一片天地。在经历了无数次失败之后，贺西哈终于成功地踏进股票行业，成为一名优秀的股票经理人。在贺西哈 17 岁时，他积攒下 255 美元，他决定不再受雇于公司，而要做一名自由的创业者。

创业之初，贺西哈的股票投资非常顺利，只几年的工夫，就从原来的 255 美元攀升到了 16.8 万美元。然而天有不测风云，贺西哈由于错选了一种因受战争影响而暴跌的钢铁股票，他的财富从十几万美元迅速缩水到 4000 美元。

面临如此巨大的打击，贺西哈并没有被打垮，反而在失败中反省自我，总结经验，最终他让自己变成了股票行业的巨头。

常言道，自古英雄多磨难。不可否认，贺西哈就是在各种磨难、挫折中成长为"财富巨头"的。而且他用自己血的教训提醒我们，逆境可以让一个人站得更稳，走得更远，而且铸造了我们钢铁般的意志和不服输的精神。这正如松下幸之助所说："逆境给予了人宝贵的磨炼机会。只有那些经得起环境考验的人，才能算是真正的强者。"

所以说，逆境是事业成功与否的分水岭。在这个生死攸关的门槛上，如果你跨过了这个坎，你就是令众人钦佩的成功者，享受着成功者所拥有的一切荣誉和喜悦；反之，如果你没有跨过这个坎，那你就是一个被众人讽刺的失败者，要忍受失败所带来的各种煎熬和折磨。

在演艺界，西尔维斯特·史泰龙是一个响当当的名字。对于无数被淹没的追梦人来说，西尔维斯特·史泰龙无疑是一个令人羡慕的成功者。然而，史泰龙之所以能够获得令人瞩目的成就，并不是因为他比别人幸运，更不是因为他比别人聪明，而是因为他具有超出常人的逆商。可以说，他今天的成功，正是用自己1850次的失败换来的。

西尔维斯特·史泰龙出生于美国纽约，小时候的他不仅没有出众的地方，而且还是一位问题青年，甚至有很多同学认为他将来可能会在电椅上结束自己的生命。然而，随着年龄的增长，史泰龙发现自己比较喜欢表演，于是在迈阿密大学攻读了戏剧表演专业。但大学毕业后，史泰龙在表演方面的发展并不顺利，他所出演的大都是跑龙套的角色。

　　为了实现自己的明星梦，史泰龙把好莱坞的 500 家电影公司进行了顺序排列，然后带着自己亲自创作的剧本去应聘。当他第一轮去拜访这 500 家电影公司时，没有一家公司愿意接受他。面对 100% 的拒绝率，史泰龙并没有灰心，而是开始了新一轮的拜访。在第二轮拜访中，史泰龙得到的仍然是全盘的拒绝和否定。第三轮拜访，史泰龙依然是以失败而告终。于是，史泰龙又坚定地开始了第四轮拜访。当他拜访到第 351 家公司时，这家电影公司的老板简单地翻阅了他的剧本之后，让他把剧本留下。几天后，这家电影公司的负责人主动邀请史泰龙面谈，他们不仅愿意投资这部电影，而且让史泰龙饰演剧本中的男主角。于是，世界电影史上出现了一部名为《洛奇》的电影，也正是这部电影奠定了史泰龙在好莱坞动作片中的巨星地位。

　　挪威著名剧作家易卜生说："真正的强者，善于从顺境中找到阴影，善于从逆境中找到光亮，并时时校准自己前进的目标。"而另一位智者也说："逆境是有志者成功的踏板，是卓越品质的源泉，它催人奋进，让人努力实现自己的目标！"可以说，史泰龙正是用自己的亲身经历，证实了这句话的正确性。面对 1850 次的拒绝，史泰龙并没有灰心，而是更坚定自己的梦想。也正是他这种在逆境中永不屈服的精神，成就了他在演艺界的辉煌。

常言道，人生不如意之事十有八九。用更直白的语言来说，我们每一个人从出生的那一刻开始，就面临着各种挫折和打击。在美国有一本名为《成功》的杂志，它每年都会报道那些因失败而东山再起的伟大企业家。可以说，在这些东山再起的企业家中，他们都有一个共同的性格特征，即在遇到挫折、困境时，他们永不言弃，而是以一种积极乐观的态度去面对逆境！

综上所述，逆商对一个人的成功极其重要，那么我们应该如何来提高自我逆商呢？在这里，我们从心理、思维学的角度，来分析一下提高逆商的方法和策略：

第一，无畏。每个人都曾经有过脆弱的时候，其实一个人偶尔脆弱并不可怕，可怕的是一个人永远都不坚强，缺少一种直面苦难的气魄和胆量。所以说，一个人要想获得成功，就一定要具有不畏艰险的精神，在面对逆境、困难时，要做到毫无畏惧、绝不退缩。

第二，专注。如今人们生活在一个纷扰的世界里，必须面对来自外界的各种诱惑，这无形中就消耗了我们的精力，阻碍了我们前进的脚步。因此，一个人要想提高自己的逆商，就一定要专注于眼前的事情，并把正在做的事情，当作一生中最大的事来做。

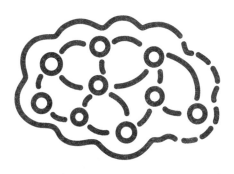

第八章

突破人生困局的思维武器

　　人的思维就像笼中的狮子，如果总是困在里面沉睡，我们只能一辈子被生活奴役。现在，请让我们打开铁笼，挣脱锁链，让思维从笼中一跃而出，这样才能爆发出我们潜在的能量。在这里，你将获得突破人生困局的思维武器，助你在人生路上披荆斩棘。

让思维挣脱牢笼

　　如果我问你："在拍集体照片时，摄影师最少需要按几次快门，才能够确保照片里没有一个人的眼睛是闭着的？"当听到这个问题时，也许大部分人会摇头说："不知道！"或者也有人会回答："无论摄影师按多少次快门，都永远会有人是闭眼的！"

　　针对这一话题，著名的数学家妮克·斯文森和物理学家皮尔斯·巴内曾经深入研究过，并且还获得了搞笑诺贝尔奖。最后他们得出的结论是：一个人眨眼的频率是 10 次 / 分钟，每次眨眼的时长大约是 1/4 秒。按照这个标准来计算，当拍集体照的人数在 20 人以下时，需要按快门的次数是总人数除以 3；

而当拍集体照的人数超过 50 人时，根据概率来计算，每一张照片至少有一个人的眼睛是闭着的。

可以说，妮克·斯文森和皮尔斯·巴内的这一研究，为摄影师们拍不好集体照找到了充分而科学的理由。难道真的是这样吗？

有一位善于"反过来"想问题的摄影师，却发现了一种拍好集体照的绝招：在开始拍照之前，这位摄影师让所有人先把眼睛闭上，然后面带微笑对着镜头。当听到他的命令后，大家同时喊"一、二、三"，在数到"三"的时候，大家一起睁开眼！当照片冲洗出来之后，发现没有一个人是闭着眼睛的，而且每个人的表情都非常自然！

这位摄影师之所以能够巧妙地解决如何拍好集体照这个棘手的问题，其最大的因素归功于他打破常规的思维方式。

思维方式是人们的理性认识方式，是人的各种思维要素及其综合，按一定的方法和程序表现出来的、相对稳定的定型化思维样式，即认识的发动、运行和转换的内在机制与过程。通俗地说，就是人们观察、分析、解决问题的模式化、程式化的"心理结构"。不同的人有不同的思维逻辑与"心理结构"，在现实生活的运用中，其中的差异性就会显现出来，解决问题的方式、方法，也最终通过自己的思维方式表现出来。在此案例中，这位要求闭眼的摄影师，所运用的就是思维方式中的"逆向性思维"。

在大多数人看来，拍照时人应该瞪大眼睛，始终做好被拍的准备。但由于集体照的人数众多，需要做准备的时间过长，所以常常是在摄影师按下快门的那一瞬间，有很多人因为坚持不住，闭上了眼睛，就这样使一些人留下了遗憾的闭眼睛照片。而这位摄影师只是运用逆向性思维模式，调整了一下"睁眼"与"闭眼"的先后顺序，便找到了解决问题的办法。

在现实生活中，很多人总是被困难重重包围，始终走不出失败的阴影，其原因就在于不善于让自己的大脑"掉头"，学会"反过来"想问题。反之，当一个人真正掌握了"逆向"解决问题的思维方式，在面对困难时，就不会显得手足无措，而是能够有条不紊地一步步去解决问题，最终让所有的问题都雾散云开。

约翰在美国的一个小镇开了一家日用品超市，因经营不善，超市一直在亏损。于是约翰准备改行，但仓库中还有大量存货，为了尽快处理掉存货，他在超市门口张贴出了降价处理的广告，其内容是："本超市准备关门改行，现所有商品都低价处理！"

这样坚持了一个月，但超市并没有卖出多少商品。看着堆积如山的商品，约翰犯愁道："如果一直持续这种状态，别说资金回笼无望，就连交房租的钱都赚不回来！"

一天，朋友杰克来到约翰的家中拜访，发现约翰一副愁眉苦脸的样子，一问才知道约翰超市倒闭的事情。杰克沉思了一分钟，问约翰道："你准备以什么价格处理这些商品？"约翰回答道："之前，我打算以五折的价格处理，可现在为了交房租、维持生计，两折的价格都可以处理！"说完，约翰长长地叹了口气。

价格谈妥之后，杰克向约翰保证，十天之内帮他把所有的商品都卖掉。到第七天时，杰克再次来见约翰，约翰以为杰克也没有办法帮自己的忙，心里非常难过。然而，令约翰意想不到的是，杰克不但把所有的商品都卖完了，而且最低出售价格都不低于五折。

究竟杰克有什么销售高招呢？其实，杰克与约翰最大的不同在于广告牌上的宣传语。为了让更多的人关注商品，杰克在广告牌上写道："本超市由于经营不善，全场商品在十日内将处理完毕。其处理价格是，第一天全价，第二天九折，第三天八折……第十天所有商品免费。"

当杰克第一天挂出广告牌时，很多人都来看热闹，真正买东西的人却很少；第二天，有一些顾客以九折的价格买走了那些实用的东西；第三天，顾客发现质量好的东西都被别人以九折的价格买走了，于是以八折的价格选购了一些比较好的东西；此时，超市打折销售的广告传遍了整个小镇；第四天，当很多人都来买东西时，发现质量好的商品已经没有了，剩下的都是质量差一些的商品，但价格比之前的便宜，于是从剩下的商品中挑选了一些；第五天，镇上的所有人都来超市挑选东西了；第六天，存货已经所剩无几，但超市里依然热闹非凡。只半天工夫，所有商品都卖得精光。

只是稍微在广告牌上做些调整，结果就出现了如此巨大的变化。其实，很多事情的成功就是如此简单，只需要你换一种思维方式，就能够以快速有效的方式解决问题。如果你几年甚至几十年辛苦努力，事业都没有大的起色，那一定是你的思维方式出了问题，你就需要停下来反省问题出在哪儿，调整好思维的路径之后再努力奋斗，这样可能会让你更容易获得成功。很多人的困境往往是思维的困境，思维不在困局中，人生自然越过越好！

思维方式很难改变吗？对有些人来说很容易，对有些人来说很难。很多人之所以很难改变思维，是因为他们的思维已经僵化，被牢牢地封闭在定势思维这个狭小的容器中。对于这些思维受限的人，改变其思维的方法有三种：其一，打破思维容器，改变原有思维的角度、顺序，让所有的思维进行自由结合、混搭；其二，以静制动，不刻意，人之所以会被自己的思维框住，有时候是因为太理性、刻板，这个时候，不如放弃刻意地改变，让右脑凭直觉来搭建新的思维方式；其三，想象"我"在思维，这里所谓的"我"即可以指大我，可以指整个宇宙，这样一种无界限的开放性思维，可以打开你的思路，让你左右逢源。

无论是政界要人，还是商圈领导，或者那些职场精英，他们之所以取得非凡的成就，没有一个是单纯靠拼命苦干达到的，其潜在的秘诀往往是因为他们善于运用思维方式。他们每天所遇到的难题比普通人要多得多，但他们没有被这些难题困住，反而一往直前。人们常说，你解决的难题越大，你在社会上的成绩也就越大。大多数人之所以碌碌无为，正因为他们解决不了工作和生活中的难题。而先进思维正是解决这些难题的锋利武器，只有善于发挥思维作用的人，才能让自己的事业蒸蒸日上。

在现实生活中，有太多的人在定势思维的死胡同里打转，人生短暂，若让死胡同成为自己一生的墓地，这才是人生最大的悲剧。为了早点让自己从死胡同里走出来，我们的思维急切需要进行一场前所未有的革命。我们需要下决心去改变，人的思维就像笼中的狮子，如果总是困在里面沉睡，我们只能一辈子被生活奴役。现在，请让我们打破笼子，挣脱锁链，让思维从笼中一跃而出，这样才能爆发出我们潜在的能量，从而获得成功。

思维改变，"不可能"或许就变成"可能"

当面对事业、生活中的难题时，你是否内心焦虑？甚至有时候恨不得找一个沙堆，像鸵鸟一样把头埋起来？

从思维学角度来说，你这样想也无可厚非，因为人的天性是趋利避害的，当面对险境或困难时，绝大多数人都会不自觉地躲避困难、远离风险。逃避困难是每个人自然属性的反映，但逃避解决不了问题，也并不代表问题会自动消失，那这就需要你打起精神来与问题做斗争。如果一个人能够具有一种与困难"死磕"的精神，用心把不可能完成的事情做到最好，那他就比别人拥有更多成功的机会，他就会一次比一次优秀。小人物往往就是这样一步步成为大人物的。

对于那些伟大人物，他们又是如何看待不可能解决的问题的呢？拿破仑说："在我的字典里没有'不可能'！"阿基米德也曾经说过："给我一个支点，我就可以把地球撬起来！"

也许，在常人看来，这都是狂妄自大者的胡言乱语。但我们不得不承认，这些人之所以能够成为伟人，正是因为他们有着在面对不可能解决的问题时的勇气，以及他们与众不同的解决问题的思维能力，他们用自己的实际成就来向世人证明，在这个世界上，没有什么不可能的事情。只要你能够运用别人无法想到的、看似不可能的思维策略，这些不可能解决的问题就会迎刃而解，你也会获得人生的重大突破，未来的世界也会有你的一席之地。

只要你的思维改变，不可能的事情就会变成可能，虽然不能确保100%的成功，但胜算率至少是80%以上。在美国被誉为"汽车之父"的亨利·福特，即用自己的亲身经历证明了这一观点的正确性，而且时至今日，他的故事一直激励着无数梦想挑战自我极限的美国青年。

我们知道，现在的汽车大都是八个缸。而汽车最早被发明时，只有两个缸。有一天，福特公司创始人亨利·福特先生对其公司的科研人员说："现在，请你们研制生产四个缸的汽车！"当科研人员听到福特的提议时，第一个回答就是："不可能！"而福特坚定地说："我不管可能还是不可能，你们的工作就是把不可能变成可能！"

科研人员们在研究了一年之后，失望地对福特说："报告领导，四个缸的汽车无法被研制生产！"福特生气地训斥道："你们这些没用的东西，回办公室继续研究，我明年依然要四个缸的汽车！"无奈，科研人员只好继续他们的研制工作。

第二年，科研人员又去福特的办公室汇报工作："报告领导，四个缸的汽车仍然无法被研制生产！"此时，福特暴跳如雷并骂道："真是一群猪猡，如果明年还是研究不出来，我就炒你们的鱿鱼！如果谁再敢说一个不可能，就立马滚蛋！"

究竟如何才能研制出四个缸的汽车呢？虽然科研人员很不愿意去做这件看似不可能成功的事，但为了保住自己的饭碗，他们必须认真研究这项技术。出乎意料的是，半年之后，四个缸的汽车终于被研制出来了！

后来，福特问那些科研人员："你们不是一直认为这是不可能的事情吗？为什么又研制成功了？"其中一个技术领头人解释说："原来我们认为四个缸的汽车是不可能存在的，但在这最后的半年里，我们每个人都改变了原来的思维方式，不再否认四缸汽车存在的可能性，而是在思考如何才能够研制出四个缸的汽车来！"

为什么福特公司能够成功地研发出四个缸的汽车？其原因就在于，他们不再固执地认为四缸汽车不存在，而是承认了这个预测，然后重点在于寻找解决方案。假如科研人员始终都在论证是否存在四个缸的汽车，而不是考虑如何生产四个缸的汽车，恐怕汽车行业的发展史就需要重写。这就告诉我们，一个人要想让事业成功，就必须让自己在思维方式上做出改变。

确实如此，在这个世界上并没有什么是完全不可能的事情。一个人只要敢于去做别人认为不可能的事情，并充分发挥自己的潜能，就一定能够把那些不可能的事情变成可能。比如，原先人类认为登上月球简直是天方夜谭，但人类通过坚持不懈的努力，终于成功登月。如今的互联网时代，将人类连接成一个整体，这件事在过去也是无法想象的。当然，对于那些违背自然客观规律的事情，我们确实是不可能实现的，因为从一开始就意味着失败，比如填海造陆等。总之，在客观规律允许的前提下，我们是能够实现自己疯狂的梦想的。只要你给自己信心和勇气，而不是一味地说不可能。如果你在还没开始做某件事之前，就开始想象失败的结果，那失败是十分可能的。因为在做这件事的时候，你的精力不是花费在如何成功解决问题上，而是消耗在试图寻找各种理由来说服自己放弃。说到底，这是自己在为自己设一条思维的死胡同，不知不觉间便把自己困死。

据说在二战期间，美国军队需要订制一批军用降落伞。当时军方考虑到这事关伞兵们的安全问题，于是向降落伞生产商提出要求，让其保证所生产的降落伞都是100%的安全。双方经过一段时间的研究、讨论，生产商认为保证100%的安全是绝对不可能的事情，他们最高只能保证99.9%的安全率。这也就是说，每一千个伞兵中，将会有一个人出事。

为了加快降落伞的生产速度，军方只好向生产商做出让步。不过，一位将军向生产商提出了一个要求："在每一批交货的降落伞中，随机抽取一把降落伞，然后让质检员去试跳。"可以说，正是这一要求的提出，奇迹出现了——质检员为了不让自己抽到不合格的产品，在质检过程中十分认真负责。结果，每一批降落伞的合格率均达到了100%。

什么叫"置之死地而后生"？降落伞质检人员给了我们最准确、最经典的答案。他们用自己的行动证明，当一个人在生死关头时，没有什么事情是"不可能"的。从这个角度来说，你之所以认为很多事情不可能，是因为你没有把自己逼到绝境！如果有一支枪在后面指着你的脑袋，让你去做一件看似不可能的事情，你很可能就会做成功！

　　人生就是这样，如果你不逼自己一把，永远不知道自己到底有多优秀！你并不像自己想象的那样无能，而是你的潜意识里有一种怯懦的念头。我们在电影中经常看到这样的场景，主人公被蹂躏践踏到家破人亡、流浪街头的地步，终于他不再逃避，而是勇敢面对，开始爆发体内的小宇宙，于是看似很强大的敌手，看似绝无可能成功的事情，他竟然做成了！他从一个四处躲藏的懦夫一下子变成了大英雄。事实正是这样，我们做不成功，是因为对自己不够狠。如果你对自己狠一点，这个世界就会对你好一点。如果你对自己好一点，这个世界会对你很残酷！所以关于中国足球为什么这么烂的问题，有人提出这样的解决方案——从死刑犯中挑选出一批人，进行专业训练，然后再告诉他们，如果踢赢了，全部无罪释放；如果踢输了，立刻枪毙！你看他们会不会拼命！当然，这只是假设，但这给我们提供了新的思维：不要给自己设限，不要说不可能！

　　事实上，所谓的"不可能"，只是我们在用定势思维看问题，并为自己的失败寻找借口。所有的"不可能"都只是暂时的，只要我们具有一种与困难"死磕"的精神，并用一种创新的思维来思考问题，就一定能够找到解决问题的最佳方案。所以说，一个人要想成功，就一定要搬掉"不可能"这个成功路上的绊脚石，然后让自己全力以赴地朝着目标前进。

那么，如何才能克服这种"不可能"的消极心理呢？这就需要我们在内心树立一种"世上没有不可能的事情"的积极意识。当你把这种意识植入自己思维深处时，你就离成功更近了一步，从而让人生中的"不可能"变成"一切皆有可能"！

你以为我在说A，其实我是说B

在开始这篇文字之前，让我们先来进行一场趣味十足的游戏测试。

在这里，我只告诉大家游戏中的第一句话，然后你从下面四个选项中挑选一个最具幽默感的话语，其测试内容如下：

一个风和日丽的周末，琼斯先生看到邻居史密斯先生在花园中整理草坪，便问道："嗨，史密斯先生，今天下午你要用你的割草机吗？"史密斯先生回答："嗯，是的。"

这时，你认为琼斯先生最可能说什么？

A."噢，那能不能在你用完后，把你的割草机借我用一下？"

B."好极了！那你不用你的高尔夫球棒吧，我能借用一下吗？"

C."哎呀，我不小心踩到耙地机，差点砸中我的脸。"

D. "那些鸟总是来吃我的草籽。"

这一游戏来源于国际神经期刊《大脑》杂志。游戏原先的目的是，为了研究人的左脑和右脑在处理幽默感时所发挥的作用。著名的神经系统科学家普拉比瑟·沙米和罗纳德·斯塔斯（Donald Stuss）决定用挑选妙语的方式来对人的大脑进行测验。在对不同人群进行测验后，科学家们得出的实验结果是：拥有健全大脑的人，大都具有丰富的幽默感，所以这类人大都选择了答案 B；那些右脑受损，尤其是大脑右额叶前部受损的人，则很少选择 B 答案，而是更倾向于答案 C。

当听到这一游戏测试的正确答案为 B 时，也许有人会高声喊道："割草机与高尔夫球棒究竟有什么关系？琼斯先生真是太无聊了！"但凡一个具有幽默感的正常人都会明白，琼斯之所以问史密斯下午用不用割草机，他的真实目的是为了向史密斯先生借高尔夫球棒。然而，琼斯知道史密斯向来是一个小气的人，如果直接借用，史密斯定会以"自己要用"为借口来拒绝琼斯。于是，琼斯为了让对方进入自己的思维圈套，故意用"借割草机"的假象来误导史密斯。当史密斯告诉琼斯自己下午要用割草机时，就证明他下午不会用高尔夫球棒。此时，当琼斯再提出借用高尔夫球棒的要求，史密斯先生内心就算有一百个不情愿，也不好意思说自己下午要用高尔夫球棒。如此一来，琼斯通过这样的迂回思维方式，也可以说"围魏救赵"的思维，达到了借用高尔夫球棒的目的。

在日常沟通中，我们也经常会遇到上面的情况。你以为对方在说 A，其实对方在说 B。此时，如果你真的按照 A 的思路去做，最后就会发现自己上当了！为什么会出现这种似是而非、模棱两可的局面呢？其真正原因在于，你被对方的迂回思维给迷惑了！

那么，究竟什么样的思维是迂回思维呢？所谓迂回思维，是指这种思维在发展过程中并不是以直线的角度前进，也不是思考如何正面、直接地解决问题。相反，这种思维常常是远离常规的思维习惯，脱离直线思维轨道，以一种蜿蜒曲折的前行方式来达到某种目的。

对于那些在商业圈生存的人来说，这是十分常见的思维方式。很多高手就是凭着这种思维模式，让自己轻而易举地成为富豪。作为商业高手，你必须懂得迂回战术，可以在 A 上免费甚至赔钱，但目标是为了在 B 上赚一笔大钱。这就是互联网思维下的商业模式——如果你所苦心经营的利益相关者 A 不能让你营利，那你就没必要非要在一棵树上吊死，你可以引入 B，从而用 B 的盈利来贴补到 A 这一方。你的任务就是掌控好整个运作节奏和资金链，以确保每一个环节都能顺利进行，尽量别出现漏洞和意外。

如果认真分析则不难发现，世上的很多事物都具有多面性。从表面上看，某些事物毫不相干，其实彼此之间常常具有一种奇妙的联系。比如，在日常生活中，我们遇到了一个棘手的问题"A"，无论用什么办法都无法解决，这个时候我们没有必要与问题"A"死耗到底，反而可以把问题"A"放下，然后去解决问题"B"。这样虽看起来你是在逃避问题，以一种消极的态度行事，而实际上，在你解决问题 B 的过程中，你往往会惊奇地发现，问题"A"竟然与问题"B"之间，存在一种微妙的联系。当问题"B"被解决了，问题"A"的答案也自然就浮出了水面。

一位年轻的建筑师为某地产开发商设计写字楼。在所有的房子都建好之后，开发商又让设计师来设计整个办公区的人行道，其要求是不但要大气美观，而且要合情合理，更重要的一点是还要节省成本。设计师看着错综复杂的楼宇，不知从何处下手，简直伤透了脑筋。

为了寻找设计灵感，设计师去附近的公园里散步。公园的管理员看见这位年轻人愁眉不展，便主动与他聊天。当设计师把自己的苦恼说出后，管理员笑道："这问题太简单了，你只需要在你楼群的空地周围种满草，等夏天结束之后，你的最佳方案也就出来了！"设计师听了公园管理员的建议，一直赞叹他聪明绝顶！

设计师犯愁的是人行道的设计，而公园管理员却让他种草。从表面上看，这好像是风马牛不相及的两件事情，然而从迂回思维的角度来分析，彼此之间却有着密切的关联。如果我们仔细观察一下我们日常生活中公园的草坪则会发现，很多人都有抄近路的习惯。这也就是说，一个人为了节约走路的时间成本，往往会不由自主地选择一条离目的地最近的道路。当设计师在楼宇之间栽种上草后，行人们就会在草坪上行走。哪个地方行走的人多，留下的痕迹就越明显，同时也证明了这个路线是最合理的。此时，设计师根本不需要绞尽脑汁来思考人行道的设计方案，只需要按照草坪上的印记来设计即可。

从几何角度来分析，"两点间直线最短"是一条公认的数学公理。然而在现实生活中，尤其是在解决问题时，却往往是"曲线"或"折线"最短。所以，一个人要想奔向成功的道路，就一定要学会运用迂回思维来解决问题。

　　成功的路上，有很多人总喜欢抄近路，对于那些爱耍小聪明的人来说确实如此，然而小聪明之所以成不了大气候，正因为他们看不到事物之间的联系，真正有智慧的人知道，捷径不是抄近路，捷径往往是弯的。绕着弯，你才能达到自己的目的地。一个人要想获得事业上的成功，不一定要每天盯着手头的工作，真正的突破口可能需要你走出去，去开拓自己的视野，结交更多的朋友，遇上更多的贵人，一旦时机成熟，你就可以爆发能量、一展宏图。

每天懂一点

变通思维

赢家是如何思考的

下

章岩 编著

民主与建设出版社

·北京·

图书在版编目（CIP）数据

每天懂一点变通思维：赢家是如何思考的 / 章岩编
著． -- 北京：民主与建设出版社，2023.7
ISBN 978-7-5139-4277-5

Ⅰ．①每… Ⅱ．①章… Ⅲ．①思维方法 Ⅳ．① B80

中国国家版本馆 CIP 数据核字（2023）第 120637 号

每天懂一点变通思维：赢家是如何思考的
MEITIAN DONG YIDIAN BIANTONG SIWEI YINGJIA SHI RUHE SIKAO DE

编　　著	章　岩
责任编辑	周佩芳
封面设计	天津雷晴文化·杜娟
出版发行	民主与建设出版社有限责任公司
电　　话	（010）59417747　59419778
社　　址	北京市海淀区西三环中路 10 号望海楼 E 座 7 层
邮　　编	100142
印　　刷	天津旭非印刷有限公司
版　　次	2023 年 7 月第 1 版
印　　次	2023 年 8 月第 1 次印刷
开　　本	880 毫米 ×1230 毫米　1/32
印　　张	13.75
字　　数	350 千
书　　号	ISBN 978-7-5139-4277-5
定　　价	128.00 元（全二册）

注：如有印、装质量问题，请与出版社联系。

序

穷则变，变则通，通则久

在这个世界上，为什么有些人的财富比别人多十倍、百倍、千倍，甚至万倍呢？人与人之间的差别到底在哪里？同样是一天 24 小时，同样是脖子扛一个脑袋，为什么有些人就比别人拥有更多？究其原因，穷人与富人、成功者与失败者之间的差别关键在于思维的不同。

《周易》曰："穷则变，变则通，通则久。"一条路不通，并不代表整个世界都是障碍，只要你稍微变通一下思维，很容易就能找到新的道路。这可不是什么毒鸡汤，而是中国千年来流传下来的智慧精髓。从某种意义上说，一个人懂不懂得变通思维，往往决定着他有什么样的成就。综观全球，伟大人物之所以能取得举世瞩目的成就，大都是精通变通思维的结果。如果你想赚到更多的钱，取得更大的成就，就有必要变通你的思维。思维一旦得到改变，你的人生或许就不再那么举步维艰。进化论创始人达尔文说："这个世界不属于强者，强者太强，枪打出头鸟；也不属于弱者，弱者太弱，弱不禁风；而是属于适者，因为他们最懂得适应，适者生存。"达尔文还说："应变力也是战斗力，而且是重要的战斗力。得以生存的不是最强大或者最聪明的物种，而是最善变的物种。"由此可见，变通思维是一个人生存的关键武器，是我们立足于世的核心竞争力。

如果一个人总是碌碌无为、思维僵化、缺乏自信，又怎么能够获得人生丰硕的果实呢？现在这个时代，早就不再是按部就班就能成功的时代了，如果你再沿着陈旧的固有思维一条道走到黑，那你一辈子都很难有翻身之日，辛苦一生最终等来的大多是徒劳无功。

有一种穷是思维的穷，有一种富是思维的富。在这个全新的时代，穷人不懂变通思维、抱残守缺，一不小心就会穷一辈子，而且穷儿子、穷孙子；很多"富人"不懂变通思维，从亿万富翁暴跌至一贫如洗。而有的人则通过思维的变通和颠覆，从两手空空的穷小子变成亿万富翁。真正的富有不在口袋里的金钱，而在你脑袋里的思维。思维的富有才是真正的富有，就像管道里的水，取之不尽用之不竭，只要打开，它将源源不断地自动流淌。

这个世界，有时候牢不可破，就像铁桶一样丝毫找不到突破口，如果你硬着头皮较劲上去，可能白白浪费一生的时间，也只落得个头破血流。那怎么办呢？我们大可不必在一个思维圈子里死磕，我们要让自己从思维的死胡同里走出来，看看这个世界的真正入口在哪里。是的，既然在"铁桶"的四周找不到入口，为什么还要继续横冲直撞？为什么不换个角度思考——入口会不会在顶端或底部？如果在顶端，你可以为自己搭一架长长的梯子爬进去；如果在底部，你可以挖一条地道钻出去。总之，这个世界并不像我们想象的那么难，你眼前的困境，可能只是一层窗户纸，关键在于你的思维能否获得新的突破。很多时候，困住你的不是世界，而是你的思维。如果你能变通思维，就会发现海阔天空，任你翱翔。

事实正是如此，真正能够改变你命运的不是天上的馅儿饼，而是来自你大脑里的"雷击"，一场雷击一般思维的裂变，才能帮你找到全新的自己，才能让你拥有逆袭的人生。本书正是这样一本帮你提升变通思维能力的书，一本让你看到世界运转规律的书，一本让你掌握赢家思维模式的书，一本帮你掌握思维致富法则的书。相信有了这本书的保驾护航，你的人生就会尽可能避开思维陷阱，从而朝着正确的方向前行，由此踏上顺风顺水的成功之路。

目 录

第九章 摆脱平庸思维，做更好的自己

对一个学生来说，他可能会迷信他的老师；对一个病人来说，他可能会迷信他的医生；对一个员工来说，他可能会迷信他的老板……所以，一个人一定要有独立判断力，并敢于怀疑权威，这样才有可能摆脱平庸思维，走出自己的路，开创一片新天地。

第十章 为什么你总是炮灰——跳出从众思维

看到别人都在做，认为自己也可以跟着做，只看到美好的光环，看不到隐藏的黑洞，从而傻乎乎地成为为别人的成功开路的炮灰！一个人要想不成为他人的炮灰，就一定要培养自己独立思考问题的能力，让自己跳出从众思维的陷阱。

第十一章 人缘是这样炼成的——逆向思维与人际关系

西班牙作家、哲学家葛拉西安说:"如果说成功有任何秘密的话,那就是在与人共事中了解对方的观点,并能够和对方换位思考,站在他的角度看问题。"如果你掌握了人际思维策略,虽不能说做到朋友满天下,但至少可以保证你在圈子里是个受欢迎的人。

第十二章 思维洞察——逆反心理控制术

当一位爸爸训斥一岁的儿子时说:"不许把玩具扔掉!"孩子听到爸爸的命令,会立马把玩具扔到地上;当一位妈妈对两岁的女儿说:"不要把手指含在嘴里!"小女孩反而是更频繁地把手指放在嘴里。最后,所有"不允许"的命令,反而变成了做某件事情的"提醒"。如果你掌握了逆反心理控制术,情况或许就会有所改变。

第十三章 有效说服——妙用思维出其不意地说服对方

要想说服他人，并不只是口才的事，并不是拥有正确的观点就行了，更需要我们掌握说服他人的方法与技巧。从思维的角度来说，就是要善于运用预测性思维、逆向性思维等反常规思维来说服他人，这样才能达到一种出其不意的效果。

第十四章 看清真相——如何运用思维拓展和整合资源

任何人的成功，都不要认为他是单纯依靠努力勤奋就可以的，更多的是他们拥有一个自己的圈子，并赢得了重要人物的支持。如果你拓展和整合了这些资源，可能并不需要你付出多少汗水和心血，一样可以迅速获得成功。

第十五章　如何凝聚思维能量，让自己更有内驱力

"为什么每天都有永远做不完的事情？"这几乎是每个人经常抱怨的问题。究竟什么事情，占据了我们的时间？如果你能凝聚自己的思维能量，用对了思维方法，你的内驱力就会被激发出来，做起事情就会更加得心应手。

第十六章　玩转商业思维，赚钱其实很简单

在这样一个商业化时代，如果你想成为英雄，很多时候就意味着你要成为商业社会中的一个弄潮儿。你需要拥有与众不同的商业思维，只有这样，你才有希望在商业社会屡战屡胜，实现财务自由也不再是一个遥远的梦。

第十七章 少就是多——精简思维让你专注做自己

罗马哲学家西加尼曾一针见血地说:"在河流中,没有人能背着行李游到对岸。"无论做人还是做企业,都需要精简思维。少就是多,专注是为了更好地生存。

第十八章 榜样的力量——他们是这样思维致富的

人人都渴望财富,但如果你想获得财富,首先要建立财富思维。那么,如何才能培养自己的财富思维呢?其中最为便捷的一个方式就是向榜样学习,这里列举了一些商业世界的榜样,让我们看看他们是如何通过思维成功致富的。

第九章

摆脱平庸思维，做更好的自己

对一个学生来说，他可能会迷信他的老师；对一个病人来说，他可能会迷信他的医生；对一个员工来说，他可能会迷信他的老板……所以，一个人一定要有独立判断力，并敢于怀疑权威，这样才有可能摆脱平庸思维，走出自己的路，开创一片新天地。

不要一味迷信专家权威

在这个庞大而复杂的社会，每个人的时间、精力并不充足，对社会上很多领域的知识了解不够。为了弥补这种不足，需要一些精通某一专业知识的"专家"来指导我们。因为在大多数情况下，人们按照专家的意见行事，会少走很多弯路，并大都会获得预料中的成功。久而久之，这些专家在人们心目中便代表了权威。对于这些帮我们解决各种难题的"专家"，我们理当尊重，更要对他们表示感谢，但不能一味地迷信他们，甚至要对他们的某些观点持一种怀疑态度。

关于怀疑，法国伟大作家巴尔扎克说："打开一切科学钥匙毫无异议的是问号。"西方哲学家狄德罗也认为："怀疑是走向哲学的第一步。"所以说，怀疑精神是一种可贵的品质，而且大多数人的进步，都是从怀疑开始的。

那么，究竟何为怀疑精神呢？从字面上分析，"怀疑"具有两种含义：其一，猜疑之意，即对某些人或事物疑神疑鬼、胡乱猜疑；其二，疑惑之意，即对某人的观点不轻信，持怀疑态度，而且怀疑得有理有据。这正如胡适先生所言："一个人有几分证据就说几分话，如果有七分证据，就不能说八分话！"这里要讨论的正是第二层意思，就是说不对专家的话轻易迷信，时刻保持自己独立的思维能力和原生态的怀疑精神、求知欲望。

在这里，我们不妨分享一个有关怀疑精神的故事：

在美国某家大医院，一手术室中正在进行一场重要的手术。负责手术主要工作的是当地最有名的医生和一位年轻的护士，而这位年轻的护士，是第一次给这位"权威"医生做助手。

手术一直从早晨8点持续到晚上10点，所有在场的工作人员，都累得精疲力尽。手术结束后，"权威"医生命令年轻的护士为病人缝合伤口。

此时，女护士严肃地提醒医生说："整个手术我们用了13块纱布，可你现在只取出来了12块！"手术医生不耐烦地说：

"我已检查过了，病人的体内没有遗留物。"看护士依然不行动，医生训斥道："手术已经进行了十几个小时，病人需要休息，我以专家的身份命令你立马缝合伤口！"

"绝对是你搞错了，手术总共用了13块纱布，我记得清清楚楚！"年轻护士坚定地说。医生不听护士的解释，依然要求她缝合伤口。这个时候，年轻的护士大声指责医生说："你是一位声望极高的医生，为什么不对病人负责？"

看着年轻护士因愤怒而快要哭出来的样子，手术医生微笑着拿出藏在手心里的第13块纱布，然后向手术室里的众人宣布："她是我见过的最合格的助手！"

现实生活中，人们都喜欢仰望"专家"，甚至把他们所说的每一句话，都当作金科玉律。比如，对一个学生来说，他可能会迷信他的老师；对一个病人来说，他可能会迷信他的医生；对一个员工来说，他可能会迷信他的老板；对于职场中的人来说，他可能会迷信他的某位上司或行业内的专家。更多的人会迷信明星，以及某些自吹有特异功能的人。然而，这些人果真像他们所标榜的那样无所不能吗？事实上，你看到的很可能是假象，一切都需要你用实践来证明，一切都需要你用自己的独立思维来检验。

很多时候，专家的行为代表着权威，是可信的。但我们一定要明白，专家也是人，是人就有犯错误的可能，更何况现代社会日益复杂，各种"伪专家"鱼目混珠、滥竽充数，如果我们总是毫不怀疑地轻信权威和专家，我们的一生将会生活在他人错误的影子里。甚至有可能被那些骗子专家给忽悠个半死。所以，一个人一定要有独立判断力，并敢于怀疑权威，这样才能走出自己的路，开创一片新天地。

古希腊伟大的哲学家、科学家亚里士多德曾经说："如果一个10磅的铁球和一个1磅的铁球，同时从相同的高度向下落。其结果是10磅的铁球先着地，而且它的速度是1磅铁球的10倍！"对于这一观点，当时人们深信不疑。

然而，意大利物理学家伽利略却对亚里士多德的观点产生了深深的质疑。当时的伽利略虽然只有25岁，但他并不迷信权威。他认为："如果亚里士多德的观点是正确的，那么当两个球拴在一起向下抛时，速度慢的球就会拖住速度快的球。这样一来，他们下落的速度就会比单个10磅重的球下落的速度慢；然而，从另一个角度来说，当把两个球拴在一起，它就相当于一个重 11 磅的球。如果同样按照亚里士多德的重的球比轻的球落得快的观点来分析，它落地的速度应当比 10 磅重的球的落地速度快。

同样一个事实，从不同的角度来分析，却得出两个相悖的结论，这应该如何解释呢？带着这个疑问，伽利略认真地做了很多次实验，结果发现两个不同重量的球，如果同时从同一高度下落，它们同时着地。这也就是说，铁球下落的速度与它本身的重量没有关系。

伽利略不但把这一发现向自己的学生宣布，而且还决定在比萨斜塔上公开做一次实验。当听到这一消息时，很多人都嘲笑伽利略胆大妄为，竟敢跟伟大的哲学家亚里士多德叫板。

实验举行当天，很多人围在比萨斜塔周围看热闹。有人当面骂伽利略："真是一个固执的、不知道天高地厚的、毫无廉耻的家伙！"然而，当两个球落地的那一刻，大家才发现伽利略的观点是正确的。此时，众人感叹道："原来像亚里士多德这样权威的哲学家，他说的话竟然也有错误的！"

这一案例告诉我们，怀疑是推动人类不断进步的原动力。在人类社会不断发展的过程中，我们只有以一种怀疑的精神去学习，才能够"去伪存真"，不断地总结出新知识、创造出新发明。如果我们总认为老祖宗的话都一定是正确的，那么我们的一生将碌碌无为，一生没有自己的新观点、新想法，没有自己活的灵魂。这样的话，人类的历史一定会死水一潭，枯燥乏味。

综观全球的成功者，他们几乎都是打破专家观点而获得人生突破的。柯达公司是全球胶卷业的巨头，无人可以撼动，但现在又如何呢？他们早被数码智能潮流远远地甩到了身后。正因为创业者不迷信行业巨头和权威，我们人类社会才进入到了如今丰富多彩的互联网时代。这个时代，鼓励人们拥有个性和创意，每个人都可以开宗立派，树立鲜明的观点。只要你能够自圆其说，而且能够与市场良性结合，那么你就可以摇身一变，变成新一代的专家权威，以及新时代的富豪。人生往往就是这样，越是迷信的人越失去了自我，越是拥有怀疑精神的人，越是成就了自我。

世界残酷，每个人都在寻找精神寄托。很多人知道怀疑精神的重要性，却无法从心理上摆脱对专家权威的依赖。更有很多人，从小就培养了从众跟风的习惯，以至于很难对身边的人和事，尤其是权威者的观点产生怀疑。其根本原因在于，大脑的惯性思维使他们对一些新鲜的事物不敢想、不敢做，最终因思维受限造成事事无成身老也的悲剧。而那些善于运用创新思维的人，他们的叛逆心理非常强，能够跟专家叫板，用一种大胆的怀疑精神来揭穿对方的思维漏洞，并最终提出自己新的观点，让自己在最短时间内获得人生的逆袭。

在以上几个案例中，护士以及伽利略，他们的思维方式都指向了一种思维模式：自觉创新性思维。而柯达公司也正是因为在经营的过程中，没有自觉地去进行创新，才导致了被数码智能超越的结果。现代社会是一个不断创新的社会。自觉地去创新，敢于打破权威，才能让自己的人生获得重大进步。

当然，我们这里所倡导的怀疑精神，是立足于科学基础上的怀疑。既不是无知的乱想，也不是无缘无故的猜疑，而是一种发现创造的源头。从思维角度来说，一个人能够提出一个新问题，往往比解决一个问题更重要。这是因为，一个人解决某个问题，只需要某些技能，而一个人若想提出新问题、新观点，却需要具有超强的想象力和创新思维。

所以，一个人要想改变平淡无奇的生活现状，并在事业上有所突破，就要敢于怀疑权威，学会用发展的眼光来发现问题，并用新的思维方式来分析、解决问题。

很多时候，只有一个答案是危险的

如果我问你1+1等于几,绝大多数人都会毫不犹豫地回答:"等于2。"而且认为"2"是这个问题的"标准答案"。然而,果真如此吗?如果一个丈夫加一位妻子,他们就可能生下一个宝宝,然后就变成了3个人;如果是两个孕妇相加,可能过不了一年,这个答案就变成了4;如果是两只怀孕的母羊,那么答案就可能更加不固定,因为母羊生育的个数是无法预料的,如果每只母羊生育5只羊羔,则答案就成了12……总之,答案不是只有一个,而是充满了无限的可能性。

为什么大多数人喜欢用"标准答案"来限制自己的思维呢?这是因为,很多人都是在寻找"标准答案"的过程中成长的。比如在读书期间,如果我们的答案与书本上的"标准答案"不一样,老师就会要求我们放弃自己的答案,然后选择"标准答案"。而且在老师们的眼中,只有那些遵从"标准答案"的学生才是好学生，而那些坚持自己答案的学生，都是调皮的不长进的学生。所以，最终能迎合应试考试的学生，大都是那些把"标准答案"熟记于心的"好学生"！

然而，在美国学生的课堂上，并没有什么"标准答案"可言。每次上课，老师都会在黑板上乱写，然后针对一个问题要求学生进行各种可能的讨论，甚至会把每一个学生的想法都写到黑板上。直到一堂课结束，老师也没给学生一个"标准"答案。如果有学生向老师请教标准答案，老师则会笑着问："你的答案是什么？你的答案就是问题的标准答案！"

这一切都是思维的产物。有什么样的思维就会有什么样的结果，如果一个人的思维中只有老师和父母所传授的标准答案，那这个人的一生就会早早地被框死，他的人生成就无论如何也超不过他的老师和父母。如果答案不只有一个，有胆量寻找自己答案的人，则能够在荆棘的草莽中开创出一条属于自己的荣耀之路，这才是一个人活着的价值和意义。

现在越来越多的人支持"答案不只有一个"的新思维，事实也正如此。为什么针对同一个问题，会有多个不同的正确答案呢？这是因为每个人看问题的角度不同，自然得出的答案也不完全相同。在日常生活中，由于我们的头脑受到定势思维的影响，所以总是把"唯一答案"当作了判断是非对错的唯一标准。从数学的角度来解析，一个问题的正确答案只有一个，也许是正确的。然而，在现实生活中，由于每个人观察、分析问题的角度不同，所以最终得到的正确答案也是多种多样的。此时，如果我们依然用数学的思维角度来判断问题，最终得出的答案就有可能是片面的。所以说，一个人要想不断地进步，就不要满足于问题的"唯一答案"，而是要学会从不同的角度来观察、分析问题，并尽最大可能得出多个不同的答案。

"二战"期间，美国军队为了培养全世界最优秀的飞行员，让著名心理学家桂尔福研发出了一套专业的心理测试，通过这种测试来挑选飞行员，谁得的分数高就选谁。然而，让人意想不到的是，通过这种测试挑选出来的飞行员，虽然在专业技能上表现得很好，可在战场上的死亡率却很高。相反，那些没有经过心理测试，由战场"老鸟"们挑选出来的飞行员，却总是战绩辉煌、百战不殆。

为什么专业的心理测试，还抵不上一个"老鸟"的直觉？桂尔福对这一现象非常不解，于是向一个"老鸟"寻找答案。可是，这个"老鸟"也不知道问题出在什么地方，便向桂尔福建议说："不如我们两个共同来挑选几个飞行员，然后在观察中寻找答案！"

在这次的测试过程中，"老鸟"问被测试者这样一个问题："在飞行过程中，如果德国人发现了你的飞机，并用高射炮打你，你会怎么做？"第一个测试员的答案是："把飞机飞到更高的地方！"这正是作战手册中提供的标准答案。而第二个测试员的答案是："我找一朵云躲起来。""老鸟"继续问："如果没有云呢？"测试员回答："那就直接朝他们冲过去扫射，跟他们拼了。"

结果，"老鸟"选中了第二个飞行员。其理由是："德国军人又不是饭桶、笨蛋，难道我们知道的作战手册里的标准答案，对方就不知道？按照问题中的情景，德军会故意在较低的位置放几炮，以这种方法引诱你飞得更高，其实他们真正猛烈的炮火正在高处等着你。这样一来，你正中对方的圈套，想不死都不可能！而第二个家伙却能够做到随机应变、不按常规出牌，而且他想出的迎战对策越多，那么他逃生的机会也就越大，甚至能够出其不意地将对方击败。"

读完这个故事，我们会认为第一个飞行员"标准答案"式的回答过于幼稚。然而，在实际生活中，由于人天生存在思维惰性，在碰到问题时，总希望能够找到一种最简单、最有效的方法，而且这种方法最好是由无数人验证过的"标准答案"。久而久之，当一个人习惯了"标准答案"的思维方式，他的大脑就会停止思考，更不会用发散性思维来寻找新奇答案。

所以，只有一个"标准答案"是危险的。因为那些所谓的"标准答案"，它们是建立在已知的确定的事物之上的，是对过去经验的一种总结，而不是对未来事物的创新性探索。如果一个人习惯了"只有一个答案"的单向思维模式，那么也等于给自己的人生宣告了结局，因为在这样一个标准答案的思维模式下，他的一生也将按部就班地活着，从出生就看到了死亡，一切都是被安排好的，没有曲折和悬念，当然也没有惊喜和意外。

你喜欢这样的人生吗？相信很多人都不喜欢。那你就要学会转换思维，善于运用发散性思维去思考问题。从今天开始，让我们彻底打破这种固定思维模式吧！

那么，我们如何才能不拘一格地得出多种答案呢？首先，知识是形成新创意的基本素材，所以一个人要想有所创新，就一定要汲取更多的新知识；另外，一个人只拥有丰富的知识还不够，同时还要具有超强的创造性思维能力和孜孜不倦的探索精神，然后运用创新思维对不同的知识进行创新组合，最终才能创造出无数种全新的答案。

拒绝"千人一面"，做第一个我

在这个世界上，失败者都是相似的平庸者，而成功者都是各不相同的成功者。古罗马的哲学家塞涅卡说："不为平庸而生。"可以说，每个人都不想做"千人一面"的平庸者，都想成为举足轻重的创造奇迹的人。从这一观点来看，每一个成功者其实都是在努力做第一个自己，而不是在刻意做下一个谁。

"想做就做，不做下一个谁，做第一个我！"这是一句经典的广告词，出自耐克运动鞋，而耐克的创始人菲尔·耐特正是一个不甘平庸的成功者。在众人眼中，菲尔·耐特是一位卓越的企业家，而且很长一段时间，他都位列《财富》杂志美国富豪榜前 10 名。然而，令无数人惊奇的是，这位不甘平庸的杰出人物，曾经只是一位非常平庸的运动员。

菲尔·耐特出生于美国非常普通的家庭，与当时大多数的男孩子一样，他喜欢运动，热爱打球。令人遗憾的是，虽然菲尔·耐特喜欢跑步运动，但他的成绩并不出色，只是众多体育爱好者中的一名，根本引不起任何人的关注。

即便这样，菲尔·耐特依然积极向上，他大学毕业后参军，然后又去斯坦福大学深造。一次在课堂上，老师给学生布置了这样一项作业：为一家小公司制定一个发展目标，然后写一份可操作性的营销方案。可以说，正是老师的这一要求，激发了他的创意灵感。他开始从商业角度来分析运动鞋的市场，并且创作了一篇有关运动鞋营销方案的论文，正是这一篇论文使菲尔·耐特真正认识到——"这才是我真正想做的事情"。

为了实现自己的商业梦想，1964年菲尔·耐特与大学时的教练鲍尔曼合作，创建了自己的"蓝带体育用品公司"，开始销售由日本厂家代生产的运动鞋。创业之初，菲尔·耐特没有充足的资金，只好把住房当作店铺，把运货的车子当作办公室。即便如此艰辛，菲尔·耐特心中依然装着"打败阿迪达斯"的伟大梦想。为了提升品牌形象，菲尔·耐特又为自己的运动鞋注册了"耐克"商标（有着长翅膀的胜利女神）。

1972年，耐克运动鞋正式上市。在菲尔·耐特及所有员工的共同努力下，1980年，耐克运动鞋果真打败了阿迪达斯，成为美国体育用品市场中的巨头。

在短短十几年的时间中，为什么菲尔·耐特能够从一无所有的年轻人，成长为一名拥有巨额财富的成功商人？不可否认，其根本原因在于，菲尔·耐特是一个不甘平庸的人，他始终坚持自己的梦想，哪怕自己初出茅庐，他依然相信自己一定能够战胜强大的竞争对手，成为独树一帜的牛人。正是这种不甘平庸的信念推动着他，并使他最终获得成功。

在现实生活中，大部分人都是平庸之人，能够成为杰出人物的毕竟是少数。虽然他们也曾有过不甘平庸的想法，但迫于生活压力，他们总是在做一些与梦想无关的事情，过着平淡无奇的生活。对此，我们不禁要问："我们来到这个世界上，难道只能甘于平庸吗？为什么不给自己一个梦想？"作为一名平凡的人，也许你离成功还有一定的距离，但这并不是让自己甘于平庸的理由。相反，为了让自己挤入成功者的行列，你始终要具有让自己成功的梦想，并按照成功者的标准来要求自己。换言之，要想让自己成为杰出的人，你就不能像一般人那样去思考！你需要彻头彻尾地改变自己，只要不发疯，一定保证你成功！

听说过亚里士多德·苏格拉底·奥纳西斯这个名字吗？当听到这个名字时，你是不是感觉这名字天生就具有伟人气质？不错，当时他的父母之所以用两个伟人的名字为他命名，就是希望他能够成为一位闻名于世的伟人。果然，亚里士多德·苏格拉底·奥纳西斯没有辜负父母的期望，他一生都在为自己的梦想奋斗，并高声喊出了"我生来就是为了致富"的人生目标。听到这样的宣言，你是不是觉得这个人发疯了，太狂妄了？

亚里士多德·苏格拉底·奥纳西斯生于土耳其西部的伊兹密尔，他的父亲是做烟草生意的。为了让年幼的奥纳西斯增长见识，他的父亲每次谈生意时都带着他。然而，好景不长，在奥纳西斯十几岁时，土耳其人占领了伊兹密尔，并把奥纳西斯全家人都抓进监狱。在支付了昂贵的保释金之后，他们全家人才被释放，但他家的烟草生意也因此关门。

为了逃生，奥纳西斯和家人一起来到希腊。在迁徙途中，奥纳西斯找到一份能够解决温饱的工作。之后他们又到达阿根廷，在阿根廷奥纳西斯又幸运地找到一份电焊工作。虽然年幼的奥纳西斯每天要工作十几个小时，但他始终以坚定的信念告诉自己："终有一天，我会成功的！"

　　为了让自己获得成功，奥纳西斯一边工作，一边寻找致富的商机。一次偶然的机会，奥纳西斯发现在阿根廷的烟草市场中，只有本地烟草和南非烟草，但很多消费者不喜欢这些味道强烈的烟草。那为何不把味道温和的希腊烟草卖给阿根廷人呢？说不定这将是一个让自己发财的绝好机会！在确定奋斗目标之后，奥纳西斯果断地辞掉工作，开始了自己的创业之路！

　　在创业之初，奥纳西斯的消费对象只是那些抽不惯本地烟的希腊人。后来，在那些希腊人的影响下，很多阿根廷本地人也开始喜欢味道柔和的希腊烟，并把抽希腊烟当作一种时髦。看到这一情景，奥纳西斯立马扩大希腊烟的生产规模，在短短一年多的时间里，他就赚了100万比索。

　　在一般人眼中，也许100万比索是一个不小的数目，足以让自己生活得无忧无虑。然而对于不甘平庸的奥纳西斯来说，这与他的"我生来就是为了致富"的伟大目标相比还相差甚远。为了实现这一目标，奥纳西斯开始转向更容易发财的烟草贸易和烟草运输生意，并很快赚到了30万美元。后来，他又把生意范围扩展到羊毛、皮革、谷物等商品贸易。

　　到1930年时，奥纳西斯已经是希腊产品的最大进口商。由于奥纳西斯在阿根廷的影响力越来越大，希腊政府任命他为希腊驻布宜诺斯艾利斯的总领事。此时的奥纳西斯具有成功商人和外交官的双重身份，这为他接触商界、政界重要人物创造了更多机会。

后来，由于受到全球经济危机的影响，各国之间的贸易处于瘫痪状态。尤其是海上运输贸易，很多巨轮失去了用武之地，甚至给船东带来了巨大的经济负担。那次遍及全世界的经济危机，虽然对奥纳西斯的生意来说也是灾难性的打击，但他并没有因此恐慌，出人意料的是，他却从这次经济危机中嗅到了巨大的商机。他认为，在全世界经济低迷时期，如果能够以极低的价格买进大批商品，等经济繁荣之后，则可以以高价卖出，定能赚得盆满钵满。凭着自己与众不同的思维，奥纳西斯决定把自己所有的资金都投入到令人恐慌的海上运输行业，并以每艘2万美金的低价购买了6艘轮船。当时，很多人都认为奥纳西斯是一个精神不正常的人，竟然会花钱购买别人急着抛出的包袱。

事实证明，奥纳西斯的选择是正确的。一段时间之后，经济恢复繁荣，他花低价购买的6艘轮船，给他带来了源源不断的财富，从而使他成为世界运输行业的海运巨子。

奥纳西斯从父母为其命名开始，就预示了这不是一段平庸的人生。无论后来遇到多大挫折，他从未怀疑过这一点。他坚信自己一定能够成功。"我生来就是为了致富"，这句话说得多么霸气、多么自信、多么有底气！可以说，正是奥纳西斯不甘平庸的思维，才最终将他推进富豪的阵营中。

人生短暂，如果我们想在短暂的人生中活出属于自己的精彩，就一定要拒绝平庸。那么，如何才能够真正地做到拒绝平庸呢？其实，拒绝平庸不只是一个响亮的口号，更应该是一种人生态度，一种追求卓越的行动。如果你置身于政治圈，就应该相信自己能够成为总统；如果你置身于商业圈，就应该相信自己能够成为一流的企业家；如果你置身于科学界，就要相信有朝一日自己能够获得诺贝尔奖……这样想并不是狂妄，要知道，你既然选择了人生的道路，就要对它负责，如果你只是混日子，何必来世上走这一遭呢？当然，如果你感觉人生如戏，就要游戏一场，那么我建议你选择娱乐圈，你可以成为一名伟大的演员、明星，拿到奥斯卡奖是你的目标，让万众疯狂是你的理想。

不甘平庸需要理由吗？其实最需要的一个理由就是：我们不愿意在死亡的那一刻后悔得泪流满面。每个人的人生只有一次，没有更多的时间可以浪费。如果做一个平庸的人，就像亿万民众的复制品一样，那么你的生命价值究竟何在？你的容颜被别人掩盖，你的声音被喧嚣淹没，你的生命如同草芥般贫贱，这样的人生想一想就很心痛。上天给了我们健康的身体，完善的大脑，但我们又做出了什么成绩呢？没有，我们甚至连自己都无法喂饱，连家人都无法养育，更别说惠及大众，做一番伟大的事业了。

如果这样，实在是一场人生的悲剧。我们活着，就要想方设法让自己成功，让自己摆脱平庸的现状。要知道，平庸就像恶魔一样，总是如影随形，让我们感到恐怖。当你适应平庸的生活状况时，就等于宣告你已经老了，正在准备安逸地死亡。你甘心吗？相信答案是否定的，那你为什么不拼一把？你有足够的资本来改变你的命运，经营好你的人生，做大自己的事业。

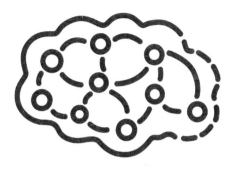

第十章

为什么你总是炮灰——跳出从众思维

看到别人都在做，认为自己也可以跟着做，只看到美好的光环，看不到隐藏的黑洞，从而傻乎乎地成为为别人的成功开路的炮灰！一个人要想不成为他人的炮灰，就一定要培养自己独立思考问题的能力，让自己跳出从众思维的陷阱。

跳出从众陷阱

说到从众行为，这让我想起了一个令人啼笑皆非的笑话：据说在美国芝加哥，有一个人在街上行走，却突然仰起头来。后面的人看到他仰头的动作，也跟着仰起了头……不到一分钟时间，街上很多人都仰起了头。当第一个人低下头时，发现周围的人都在仰头望天。那个人问其他人发生了什么，众人只是面面相觑，却不知道自己为什么要这么做。此时，那个人恍然大悟，刚才自己鼻子流血了，为了止血才把头仰起来。而他后面的人，看到他仰头，也都不由自主地把头仰了起来。

虽然这只是一个笑话，但充分暴露了人们盲目从众的心理。从众心理，通俗来说就是"随大流"，心理学上又称之为"乐队花车"效应，即当个体受到群体的影响（比如引导或施加压力）时，开始怀疑并改变自己的观点、行为，试图让自己与大多数人保持一致。从心理学的角度来分析，人的从众行为是由人的惯性思维所致。从某种程度上说，从众心理具有积极的一面，比如以榜样的力量来影响众人。但更多时候，从众心理使人变得懒惰，失去了自己独立的思考能力。

有研究者发现，旅鼠也是一种极易从众的动物。在群体迁徙的过程中，当有一只旅鼠因惊吓而跳下悬崖时，其他旅鼠也都会跟着跳下去，这就是旅鼠群中的从众效应。和旅鼠们一样，很多人的行为、举止、心情也常常受周围多数人的影响，从而做出各种盲从行为。比如，曾经发生在美国的"庞氏骗局"事件，这些犯罪分子就是利用了人们的从众心理。在这里，我们不妨了解一下"庞氏骗局"这个事件的概念及操作方法。

查尔斯·庞兹是意大利人，1903年移民到美国，"庞氏骗局"是他一手制造的。在这个骗局中，他利用新投资人的钱，向老的投资人支付利息和短期回报，从而制造出一种赚钱的假象来诱使更多的人投资。

1919年，查尔斯·庞兹注册了一家证券投资公司，为了吸引投资人，他向投资者许诺了高达 40% 的回报率，而为了兑现自己的承诺，他又用新投资人的钱来支付给老的投资者。

当最早的投资者获得了巨额回报的消息传开后，更多的人加入了这个投资行列。为了维持这种局面，查尔斯·庞兹只有继续利用此计策继续运行。然而，当新投资者的钱不足以支付原有投资者的红利时，他的骗局也就被彻底揭穿了，但此时投资者们的钱已化为乌有，当然投资人也就成了整场骗局的牺牲者和炮灰。

这些骗子之所以能够得逞，是因为他们完全掌握了大多数人"金钱至上"的从众心理。当第一个人因为投资而获得巨额回报时，他身边的其他人就很难抵制这种利益的诱惑，最终不可避免地卷入骗局之中。经过骗局组织者的洗脑，这些人就彻底地变成了这一思想的奴隶。然后，这些被洗脑的人再用这种方式给更多的人洗脑，最终导致这个骗局如瘟疫一样迅猛扩散。最近几年在中国猖獗的传销组织，就采取了与"庞氏骗局"相同的行骗手段。其根源就在于利用人们的从众弱点，看到别人都在做，认为自己也可以跟着做，只看到美好的光环，看不到隐藏的黑洞，从而傻乎乎地成为为别人的成功开路的炮灰！

一个人要想不成为他人的炮灰，就一定要培养自己独立思考问题的能力，让自己跳出从众思维的陷阱。同样，一个企业要想获得巨大的发展，管理者也需要打破固有思维，用创意化、个性化的思维来经营自己的企业，让自己的企业从山寨和跟风的状况中脱离出来，走系统化的品牌经营之道，只有这样，才能打破困局，成为伟大的企业。

1952年前后，日本东芝电器公司遭遇了一次危机。当时东芝生产的电扇卖不出去，大量的电扇积压起来。为了打开销路，几万名职工费尽心机，但最终还是没解决风扇的销路问题。

一天，董事长石坂正坐在办公室里犯愁，一个小职员敲开了石坂办公室的门，他向石坂提出了改变风扇颜色的建议。这个建议引起了石坂董事长的高度重视，因为当时全世界的电扇都是统一的黑色。经过多方面的研究分析，东芝公司认为这一创新性的建议具有极强的可行性。

第二年，东芝公司一改往年的电扇色调，推出了一批浅蓝色的电风扇。当新款电风扇上市时，消费者们疯狂抢购，仅两个月的时间就售出了几十万台。从此，电风扇的颜色变得五颜六色，不仅具有去热避暑的功能，同时也达到了装饰房间的视觉效果。

从思维角度来说，这位小职员与众不同的地方，就在于他能够突破惯有的思维定势，为电风扇创造一种全新的形象。如此简单的方法，为什么其他人却想不到呢？其根本原因在于，大多数人都习惯了黑色的电风扇，没有考虑到电风扇还可以有其他的颜色。其实，这就是盲从思维对人的危害，使我们养成了一种思维惰性，难有创新性突破。

要想跳出从众思维，就要敢于异想天开。马克·吐温说："一个想出新办法的人，在他的办法没有想出来之前，人们总说他是在异想天开！"这句话告诉我们，那些成功者之所以成功，是因为他们善于运用创新思维来思考问题，而且他们不会被他人的评价绊住手脚；那些毫无主见的失败者，他们之所以失败，是因为他们只会人云亦云、盲目跟随，从来不敢按照自己内心的意愿去做事。

的确，每个人都会遭受现实的打击和生活的考验，但这并不意味着你一定要丧失自我，成为行尸走肉。相反，你应该在残酷的现实面前，更加清醒地认识自己，拥有更加独立的思维和创新意识。因为世界给你出的难题越多，意味着你越需要发挥你的大脑潜能，更需要你的创意！你的创意是化解现实困难的利器！而那些习惯从众的人，则总是等着别人来帮他们提供现成的方案，或者说给他们一个现成的致富秘诀。而事实上，现成的东西往往是一个圈套，成为炮灰是这些人注定的命运。

群众的眼睛有时未必是雪亮的，真理往往掌握在少数人手中。如果你想改变自己的命运，想将自己的事业扩大，就需要打破从众思维的桎梏，找到你的标新立异的想法，突破自己思维的牢笼，那么成功将与你不期而遇。

偏见让我们走进"死胡同"

在现实生活中,如果你注意观察就会发现:富人往往傲慢,穷人往往偏见,而知识分子则清高孤傲。如果有不傲慢的富人,那一定是有很高的思想境界。如果有不偏见的穷人,那他距离富有的日子已经不远!如果有不清高的知识分子,那他一定是和光同尘的开悟者。总之,对于穷人及大多数陷入事业困境中的人来说,想要摆脱自身所处的困境,过上想要的生活,首先要改变头脑中存在的思维偏见。偏见改变,人生的现状也会随之改变。

由于教育水平和成长环境不同,每个人的思维都会有所区别,偏见就是这样一天天养成的。当我们面对一件事时,很容易只见树木不见森林,只看到事物的局部,却看不到事物的整体,这正是我们常说的"以点代面、以偏概全"的偏见性思维。

在日常生活中,这种"以偏概全"的现象经常发生。比如领导对某一下属的整体印象非常好，就会认为这个人在各方面都非常优秀，当有人指出这个下属身上真实存在的缺点及不足时，领导则会认为是污蔑；反之，如果领导对某一下属的整体印象较差，则会忽视他身上的很多优点，甚至把他的某些优点当作缺点来批评。再比如，有的老年人对某些年轻人新潮、时髦的打扮看不惯，他不但会认为这个年轻人缺少穿衣品位，甚至会把懒惰、缺少责任感、浪费等莫须有的罪名强加给对方。

针对这一现象，美国心理学家戴恩·伯恩斯曾经做过这样一个实验：

他把同一个人的同一张照片给两组人进行观看。在被实验者还没看到这张照片之前，戴恩·伯恩斯告诉第一组人："这个人是个无恶不作的杀人犯！"而在对第二组人描述时，戴恩·伯恩斯告诉他们："这个人是一位知识渊博、性格善良的学者！"在戴恩·伯恩斯语言的影响下，第一组人对照片人物的印象描述是：一双深陷的眼睛，表露了他凶恶残忍的个性，一个向外翘起的下巴，则说明这个人作恶多端，并死不悔改；而第二组人对照片中人物的评价则是：他深陷的眼睛，说明他是一位眼神深邃、思想深刻的人，他向外翘起的下巴，则证明了他是一个意志坚定、不畏艰险的求索者。

面对同样的一个人，为什么两组人却给出了截然相反的评价？其实，这就是认知偏见对一个人思维的影响。从心理学的范畴来说，在人际交往中，这种以对方某一方面特征来掩盖其他特征的现象，被称为"晕轮效应"。此心理效应由美国著名心理学家爱德华·桑戴克提出，其主要内容概括为：人们在对他人进行认知判断时，经常会从局部出发，并从局部印象扩散到整体印象。具体来说，由于受第一印象的影响，人们常常会对一些人具有思想上的偏见，在头脑中存在着某一类人的固定形象。所以，在评价或估计某人的情况时，往往会产生一些与此人实际情况不相符合的评价。

从实质上讲，晕轮效应是一种以偏概全、以点概面的主观性心理行为，容易导致人们对某一事物的评价失去客观性。概括地说，晕轮效应产生的问题包括以下三点：其一，晕轮效应习惯于以点概面、从个别推及一般，使人容易犯下盲人摸象的错误；其二，晕轮效应习惯于把没有任何内在联系的两种特征联系到一起，从而让人主观断定，有这一特征的人，必定也具备另一特征；其三，晕轮效应是一种"非黑即白、非好即坏"

的极端性思维，很多时候对事物的判断过于绝对化。

在这里，我们不妨从不同角度来解析偏见对我们思维的影响。

第一，经验偏见。在这个世界上，有很多"经验主义者"。当谈及某个问题时，他们总是信心十足地说："经验告诉我们，应该这样做！"的确，经验是社会实践的结晶，是用无数次失败总结出来的成功方法。但我们一定要清醒地认识到，经验并不是把我们领向成功的唯一方法，有时候，经验甚至会让我们遭遇更大的失败。

有一头驴子驮着一袋盐渡河，在行走的过程中，驴子不小心摔倒在河中，所有的盐都融化了。当驴子爬起来时，感觉身上轻松了很多，它心里非常高兴。从此以后，驴子每次过河，都故意摔跤，以减轻背上货物的重量。

这次，驴子背着一袋子棉花过河。在走到河边时，它又让自己跌倒在水中。谁知，这一次驴子身上的重量非但没有减轻，反而把驴子压得站不起米，直到被河水淹死。

为什么这只驴子会死于非命？其原因在于，这只驴子无限放大了经验的作用。在经验偏见思维的影响下，它只会对经验进行机械性的套用，却不善于在原有经验的基础上进行创新和改进！事实上，经验虽然是财富，但随着事物的变化，如果不经分析就加以套用，它只会导致失败。经验这样一把双刃剑，可以成就人，也可以误人。

第二，利益偏见。利益偏见，又称为"鸡眼思维"，它并不是指由于利益关系所导致的一个人意识立论的偏颇，而是指人们的一种无意识偏见倾向，即对公正事物认识的一种微妙的偏离。

你去商场买衣服，发现同样一件衣服，A 商家标价 800 元，B 商家标价 850 元。这个时候，你就会因为 B 商家的价格高 50 元，而偏见地认为 B 是一个唯利是图的奸商。

再比如，一个卖雨伞的老太太和一个卖风筝的老太太，卖雨伞的老太太总希望每天下雨，这样一来她每天都可以卖出雨伞；而卖风筝的老太太则希望每天都风和日丽，这样就会有很多人买自己的风筝。

总之，从利益偏见的角度来分析，每个人都会无意识地从自己利益的角度来思考问题，而且总希望所有的事情都朝着对自己有利的方向发展！人性如此，无可厚非。只是，我们在重要项目的谈判上，不要被这些细微的假象所迷惑，要真正看到事物的本质，从而能够抛开偏见，做出真正客观的决策。

第三，位置偏见。你站在什么样的位置，决定了你有什么样的思维。诚然，一个人所处位置的高低不同，他所看到的风景也不同。如果从思维方式上来解析，即每个人所处的地位不同，那么他们看问题的角度、出发点也就不同。

在职场中，站在管理角度的老板，总抱怨员工缺乏责任心，工作不够卖力；而站在被管理位置上的员工，却感觉老板的要求过于苛刻，而且薪水太少。其实，这正是由于他们所处位置的不同，才导致老板与员工之间出现了思维上的差异。

所以，无论是在工作中，还是在日常生活中，要想减少这种位置偏见，就一定要不断地改善自己所处的位置，放宽自己的眼界，使自己能够更全面、更完整地认识事物的真相。

第四，文化偏见。在人际交往中，彼此之间的交往是否融洽，在很大程度上取决于彼此之间的不同文化。然而，在现实生活中，由于受不同民族、地域、国家等文化积淀的影响，在看待同一问题时，每个人都会按照自己的习俗、习惯来判断是非对错。

在某中国影片中，有这样一个镜头：有一对年轻的夫妻在房间里争吵。妻子一气之下，拉着装衣服的箱子离家出走了。丈夫的母亲看到此景，见儿子因妻子出走而伤心，她心疼地安慰儿子说："孩子，有我在这里，你不会孤独的！"

当中国观众看到这一情景时，常常会被母亲的话感动，而当美国观众看到此情景却会哄堂大笑。之所以会出现如此截然不同的反应，是因为中国人与美国人存在着巨大的文化差异。在中国人看来，母亲的行为是很容易理解的，而在美国人看来，婚姻是夫妻之间的私事，他们之间的关系是任何人都无法取代的。

关于偏见，歌德曾经说："人们见到的，正是他们知道的。"这句话告诉我们，人们总喜欢以自己的经验或所了解的事物的某些特征为标准，用一种极端化的思维方式来推断人或物，并对他们进行知觉上的评价和对比。可以说，也正是这种以偏概全的思维方式，使人在不知不觉中走进了思维的"死胡同"。因此，一个人要想走出人生的"死胡同"，就一定要突破偏见思维模式，学会用整体思维来全面看问题！

一个能打破偏见的人，毫无疑问是伟大的。这不仅是一种思维上的成熟和进步，更是一种思想境界的提升。一般来说，打破偏见的人，往往达到了圆润平和的做人境界，所有与他交往的人，都能感受到他的和善与包容，这样一来就会有更多的人与他做朋友，并积极地与他合作。这样，他就更容易获得成功！

与众不同不是错

人生在世，与众不同从来都是一件冒险的事情。要知道，世俗的力量非常强大，每一个敢于与众不同的人，都要承担来自世俗的压力，甚至有时候压力可能会将自己压垮。物以类聚，人以群分，一旦你敢于与众不同，你就会被周围的人看作异类，而遭到疏远、排斥。更可怕的是，将你钉到心灵的"十字架"上，让你备受煎熬！

不要以为我在说笑，这些都是事实。前有耶稣，他是觉悟者，拯救众生于水深火热之中。他带着弟子说教游行的举动，绝对是与众不同的行为。于是危险来了，他做了别人都不敢做的事情，冒犯了当时的统治者，以及被当时的民众误解，他们呐喊着将耶稣钉在了十字架上。这是与众不同者的下场，坚持自我者的悲剧。

然而真是悲剧吗？如今耶稣的弟子遍布全球。而我们普通人呢？大多数都随尘土湮没。虽然与众不同的人疯狂、标新立异，但我们的世界需要这样的人，历史的前进需要这样的人！如果没有善于打破常规的人，世界将永远是一潭死水，没有一丝波动，万古如斯，人类也自然停滞不前。只因有了与众不同的人，他们像小石子激活水面一样，给每一个时代都带来惊喜。

苹果教主乔布斯曾说："向那些疯狂、特立独行、想法与众不同的家伙们致敬。或许在一些人看来他们是疯子，但他们是我眼中的天才。"是的，疯狂是因为他们有梦想，与众不同是因为他们的想法具有独立性。按照二八法则，80%的人思维是趋于一致的，只有20%的人敢于标新立异，而成功者只有20%。如果你也想成为20%成功者中的一员，那你就必须改变自己的思维模式，让自己拥有与众不同的思维。

在商业社会，与众不同是一种定位理论。一个企业，不可能什么都做，必须专注于某一产业或产品，有所为有所不为，这样才能更加专业和卓越。只有这样，才能更好地与别人区别开来，而不是一窝蜂地见别人做什么赚钱，你也跟着做什么。如果那样，你的企业可能永远不会有自己鲜明的特色，也永远不会形成自己具有较强竞争力的企业品牌。

有一家美国公司，主业是制造棺材，他们的广告语是宣扬自己的产品不会渗漏。听到这个故事后，定位大师杰克·特劳特参观了他们的工厂，他问负责人，工人们在满是机器喧嚣声的工厂中做什么，那家公司的负责人回答说："正在检测每一个棺材会不会漏。"杰克不禁莞尔，说道："你的商业创意很好，因为消费者埋在了地下，即使你出了错他们也不会出声的。"

如果你是一个商人或企业家，与众不同就显得非常重要，你需要为自己的产品找一个"第一"的理由。正如这家美国公司，他们的定位是全球最不漏水的棺材制造商！与众不同，让他们在商业竞争中找到了自己可以走的路。如今，随着同类企业竞争的加剧，与众不同无所不在。如果山寨跟风，只是跟在别人屁股后面混饭吃，日子将越来越不好过。你必须找到自己的核心竞争力，只有找到了自己的核心竞争力，你才能在商战中取胜。

你要为自己定位，不仅商业需要如此，我们的人生更需要如此。你要让自己成为某个行业的第一，你不是碌碌无为之辈，你是与众不同的，你拥有无与伦比的特性、你拥有自己的领导地位、你有自己的一技之长，无论你走到哪里，你都可以获得大众的青睐，而不是漠视。综观世界上的伟大人物，他们并不是全才，他们只是在某个领域做到了极致而已。比如奥巴马只是政治高手，如果他与李小龙比武术，必定一败涂地。贝克汉姆是足球明星，如果让他与杰克逊比唱歌，他必定甘拜下风。著名导演斯皮尔伯格是电影天才，如果让他与巴菲特赌投资，他肯定会连内裤都输掉。

泰格·伍兹是美国著名的高尔夫球手，并被公认为史上最成功的高尔夫球手之一。伍兹的儿童时代并不像大家想的那么轻松，他的家庭条件不好，能吃饱肚子就很不错了。高尔夫是有钱人玩的游戏，那么穷孩子伍兹是如何接触到的呢？

原来，小时候懂事的伍兹为了减轻父母的经济负担，在上学之余常常跑到高尔夫球场帮顾客捡球或拎包，挣点小费来贴补自己在学校的花销。伍兹在孩提时代就表现出了自己非凡的高尔夫天赋，打出了9洞48杆的成绩，5岁的时候上了《高尔夫文摘》杂志。伍兹的父亲并没有湮没儿子的天赋，他不在意大家异样的目光，而是把儿子推到媒体的聚光灯下，并时刻鼓励他，使他在高尔夫球场上连破纪录。

就这样，伍兹在18岁的时候，就已经成为当时最年轻的美国业余比赛冠军。1997 年，泰格·伍兹在高尔夫这项运动中，排名已经攀升到世界第一位。作为一名职业选手，泰格·伍兹仅用了 42 个星期就攀升到了"第一"的宝座上，在世界体育史上，他也是最迅捷的一位。

从奥巴马到泰格·伍兹，他们都有各自欠缺的地方，但这并不影响他们成为所在行业的牛人，他们在自己所在的圈子里是卓越独特的，这正是成功的秘诀所在。你想，如果泰格·伍兹当初不在高尔夫球场发现与众不同的自己，他就很难有今天这样耀眼的成就。所以，你不需要面面俱到，只需要在某一点上做到与众不同、天下第一。

那么，我们应该怎样让自己做到"与众不同"呢？

首先你要认识自己的特点。从心理学上来说，虽然每个人具有各种各样的特点，而且大多数都具有类似的特点。但事实上，对于你来说，只有其中一个特点是最为突出的。比如智慧是爱因斯坦的独特标签，性感是梦露的代言词，如果说到李小龙，那就是中国功夫，可以说每个人穷其一生，能搞定一个比较突出的特点就已非常不错。可悲的是，很多人一辈子都浑然不觉，迷迷糊糊间就已苍老。如果他们晚年能够认识到这一点，一定会后悔当初没有尽力去展现自己。我们活着，就一定要找到属于自己的标签，从内到外地打造自己，形成与众人区别开来的独特亮点，这样你的生命就不再黯淡无光，而开始闪亮起来。无论你走到哪里，都将迎来关注的目光。

其次，你要专心专注，排除外界干扰。很多时候，人容易陷入两个极端，要么自卑胆怯，要么自大冒进，人生稍微顺利时，便高估自己的能力，感觉自己是天生的全才，干什么都能成功。事实并非如此，你必须专心专注，十年如一日，才能达到人生和事业的顶点。在心理学上，有一个重要的法则就是"排他法则"，即一个人很难同时做成功两件事。换句话说，千万不要将你的时间折腾在很多事务上，否则你会穷于奔命，什么都干不好。如果这样，你原本很擅长的优势也将丧失殆尽，不再与众不同，而将变得普普通通。这样下去，你的一生就会变得平庸糟糕。

你必须沿着自己与众不同的定位路线走下去，不要偏离了这个定位战略。一个人就像一件产品，你要有自己的核心价值点。曾有一个牙膏品牌，它的口味很好，赢得了一批忠实的粉丝，但慢慢地，这家企业的战略思路出现了偏差，不再主打"口味"这个很好的卖点，而是为了迎合大众的需求，变得普通而无个性。造成忠实粉丝大批量流失，新的客户也没有抓到，如今只剩下 0.8% 的市场份额，濒临倒闭之境。由此可见，不管是个人还是企业，一旦离开与众不同的定位，就将迎来灾难。

要想获得人生的成功，你必须做一件与众不同的事，而这件事又恰好是你的优势所在、兴趣所在。如果你找到了自己的与众不同，那么祝福你，因为对你来说，成功是早晚的事情，你正走在通往成功的路上，一切都触手可及。

第十一章

人缘是这样炼成的——逆向思维与人际关系

西班牙作家、哲学家葛拉西安说："如果说成功有任何秘密的话，那就是在与人共事中了解对方的观点，并能够和对方换位思考，站在他的角度看问题。"如果你掌握了人际思维策略，虽不能说做到朋友满天下，但至少可以保证你在圈子里是个受欢迎的人。

情商法宝——换位思考

有些人或许会提出这样的问题："思维的运用是那些企业家、科学家的事儿，我只是一个普通人，应该跟我没任何关系吧？在日常生活中，我也不需要进行思维实践。"事实上，我们每天都离不开思维的运用。别的不说，就拿人际交往来说吧。我们生活在这个世界上，都不可避免地要与人打交道。而你知道吗？在人际交往中，思维模式决定着你人缘的好坏。善于思维的人，朋友满天下；不善于思维的人，总是不知不觉间步入走投无路、孤立无援的死胡同。

要想在社会上混出一些成就，我们就需要拥有高超的人际思维能力。培养人际思维能力的关键就在于学会换位思考。可以说，人与人之间发生面红耳赤的争吵，完全是可以避免的，其万能的法宝就是学会换位思考，即站在对方的角度想问题。换位思考是情商的核心体现。哈佛大学心理学博士、美国科学促进协会（AAAS）的研究员丹尼尔·戈尔曼说："高智商人的个人业绩会很优秀，但如果他情商不高，其个人生活就会一团糟。决定一个人成功的因素中，智商占20%，其他因素占80%，其中最重要的是情商。高智商的人抱怨怀才不遇，是因为情商不够，他们可能会由于肆无忌惮的激情和不加克制的冲动而在阴沟里翻船，他们的私生活很可能一团糟。"所以，一个人要想在现代社会立足，就必须培养自己的情商，学习换位思考的思维逻辑。

那么，何为换位思考呢？从心理学的角度来讲，换位思考的实质就是设身处地地为他人着想。在日常生活中，我们每个人都会遇到被冒犯或被误解的时候，如果我们总是对这些不愉快的事情耿耿于怀，内心就会生成解不开的疙瘩，甚至我们会与对方成为势不两立的仇敌。反之，如果你能够设身处地地从对方的角度考虑问题，并懂得谅解对方的错误，则可以让事情的结局朝着积极的方向发展，并达到化干戈为玉帛的效果。

英国伦敦某著名珠宝店发生过这样一件事：珠宝销售员玛丽正在接待一位顾客，在向这位顾客介绍产品时，玛丽一不小心将一颗价值连城的珠宝掉到地上。当时，珠宝店里的人比较多，只见珠宝滚到一中年男子的脚旁，然后就不见了。如果珠宝找不到，玛丽不仅会被炒鱿鱼，而且还将背上终生无法还清的债务。

通过几秒钟的观察，玛丽断定那颗珠宝在那位中年男子手中。不过，从穿着上判断，这位中年男子应该是一位失业者。也就是说，这位中年男子如果能得到这颗珠宝，足以改变他人生的轨迹，这无疑加大了要回珠宝的难度。

一分钟之后，玛丽悄悄地走到中年男子面前，含着眼泪说道："先生，找一份工作真的太难了，这才是我工作的第三天……"当玛丽把这句话重复了三遍之后，中年男子把一直藏在背后的手伸出来，并用这只手紧紧握住玛丽的手。当中年男子把手抽出转身离开时，玛丽发现那颗丢失的珠宝，正静静地躺在自己的手掌心里。

为什么玛丽要跟中年男子说工作不好找？为什么要告诉对方自己工作才三天？其实，玛丽正在用只有他们两个才明白的语言告诉他：请把那颗珠宝还给我！面对如此局面，如果玛丽把中年男子捡到珠宝的事实告诉他人，并请来警察搜身检查，也许同样能够找回这颗珠宝，却把中年男子的不义行为公布于众了。此时，玛丽并没有选择报警，而是站在对方的角度考虑问题，以一种动之以情的方法要回了珠宝。可以说，玛丽的行为不仅拯救了对方，也拯救了她自己。

由此可见，换位思考要求一个人能够将自己内心的情感体验、思维方式与对方联系起来，并真正做到站在对方的立场上思考问题，从而达到一种情感上的交流沟通。如果一个人能真正地做到换位思考，他不仅能够广交朋友，而且能够将自己的事业经营得有声有色。在这一点上，被誉为"经营之神"的松下幸之助就相当出色。

有一次，松下电器的总裁松下幸之助在某家餐厅招待客人，同行的六个人不约而同地点了牛排。等大家都进餐完毕后，松下幸之助让他的助理去请负责烹饪牛排的主厨，并特别向助理强调："不要找经理，一定要找主厨。"助理离开时，发现松下幸之助的牛排只吃了一半，他担心几分钟之后将会发生一场令人尴尬的局面。

当主厨听到有顾客找自己时，内心忐忑不安。一见到松下幸之助，主厨便十分紧张地问："先生，是不是你的牛排有什么问题？"松下幸之助笑着对主厨说："你的厨艺没有任何问题，牛排真的很好吃。只吃完一半，是因为我已经80多岁了，胃口大不如从前。我今天之所以找你面谈，是因为我担心，当你看到只吃了一半的牛排时，心里会难过。"

假如你就是那位主厨，听到松下幸之助的话，你的内心会有什么感受呢？是不是有一种被理解、被尊重的幸福感？其实，这就是换位思考的魅力所在。作为一名曾经连小学都没有读完的穷小子，他之所以能够把松下电器经营成世界著名企业，其原因就在于他善于换位思考，并用这种方式来管理他的企业。

一个人的心胸有多大，往往决定着他的事业能做多大。松下幸之助曾这样讲述自己的管理心得，他说："我每天都要做很多决定，并要批准其他人的很多决定。实际上，在所有的决定中，只有40%是我真正认同的，剩下的60%是我认为还说得过去的。"那么，很多人或许会问，既然自己还不是特别满意，那为什么还要批准呢？作为一家企业的总裁，松下幸之助完全有权力否定那些自己不认同的决定。然而，松下幸之助却认为，作为一名企业管理者，应该学会接受自己不喜欢的事情，并允许对方去尝试、去实践、去改正，而不是一味地否定、批评对方。只有这样，企业中层才会更加卖力地工作，积极地思考。

在人际交往中，每个人都具有不同的社会角色，而且都是以特定的社会角色来与他人交往。由于大部分人习惯于从自己的角色出发，来判断他人行为的对错，所以总认为对方表现得不够好。比如当你在做儿子的角色时，总感觉自己的父亲过于严厉；而当你结婚生子也成为一名父亲时，却又感觉自己的儿子太调皮。再比如当你作为一名下属时，总感觉领导不善解人意，要求过于苛刻；而当你自己也升职为领导时，又感觉自己的下属不够服从，不具备为你分忧解愁的能力。也正是因为大部分人总是喜欢以挑剔的眼光来看待他人，所以总感觉身边的人不够完美，把自己的人脉经营得一塌糊涂！如果你能够换位思考，你就很容易理解别人的难处，从而赢得对方的理解和支持。

总之，一个人要想有效地激活人脉，就一定要善于从他人的角度来思考问题，并设身处地为他人着想。关于这一点，17世纪西班牙作家、哲学家葛拉西安说："如果说成功有任何秘密的话，那就是在与人共事中了解对方的观点，并能够和对方换位思考，站在他的角度看问题。"确实如此，换位思考是一种真正有效的人际思维策略，掌握了这个秘诀，虽不能说做到朋友满天下，但至少可以保证你在周围的圈子里是个受欢迎的人。

消除误会、隔膜的艺术

　　在这个世界上，没有哪个人愿意被误会，但由于每个人的思维方式不同、理解能力不同，人与人之间难免会产生误会。当你与他人之间发生了误会时，你会怎么处理？是暗暗地生闷气，还是与对方面红耳赤地争吵一番？更多的人可能是装作什么事情都没有发生，但误会毕竟发生了，假装只是在逃避问题，并不能让问题得到最终的解决。这就要求我们勇敢地面对棘手的问题，通过人际思维的方式来彻底消除它。

　　无论在亲人朋友之间，还是在商业伙伴之间，误会和隔膜都是随时会出现的。如果是对方误会了你，一定要及时采取措施，让对方明白你的真实意思。如果是你误会了对方，则一定要给对方留出解释的时间，千万不能只凭自己的眼睛所见，就立刻做决定，很可能你看到的只是表面现象，未必是真相，如果草率决定就可能造成误会，甚至是一生的错误和遗憾。我曾听过这样一则经典的故事，在此与大家一起分享——

在美国阿拉斯加某个地方，曾有一个年轻男子，太太因难产而死，留下一个孩子。他既忙工作，又忙看家，因没时间看孩子，他便训练了一条狗。

那狗聪明听话，能够咬着奶瓶给孩子喂奶。有一天，主人有事出门，让狗照顾孩子。他到了别的乡村，因遇大雪，当日不能回来。

第二天，他赶回家，狗闻声立即出来迎接。等他把房门打开时，看到地上到处是血，床上也是血，并且孩子不见了，狗满口也是血。他看到这种情形，以为狗兽性发作，把孩子吃掉了，于是大怒，抽刀刺入狗腹，把狗杀死了。

狗的惨叫声，惊醒了熟睡在血迹斑斑的毯子下面的婴儿。这时，主人才发现屋角躺着一条死去的恶狼，嘴里还叼着狗肉。

毫无疑问，这是一条忠诚的狗。狗救了孩子，却被主人误杀了。相信大家看到这里，都为这只狗感到冤屈，主人也十分后悔，但悲剧已经酿成了。这种问题就在于行动在思维之前，而不是之后。主人如果能够让自己冷静30秒，先探究事情的真相，然后再行动，便可以避免悲剧的发生。

在现实生活中，因为误会，好朋友变成陌路人，这是十分常见的现象。更可怕的是，亲人之间由于无心的话或不经意的眼神而自相残杀的事比比皆是。可以说，亲人之间、朋友之间、同学之间的亲密关系就是被误会和隔膜一天天扼杀的。我们原本都是真诚的人，都怀着一颗赤子之心，然而我们都无法控制自己猜忌和冲动的本性，这些本性，给我们的人生带来了很多苦恼。

所以，当我们面对误会时，一定要懂得妥善解决和及时消除的艺术，千万不要掉以轻心。在这里，我们不妨从英国女王维多利亚那里，学习一些消除误会的方法和技巧。

在众人眼中，阿尔伯特亲王和维多利亚女王是一对令人羡慕的夫妻，彼此之间的关系非常和睦。可是，再恩爱的夫妻也会有发生误会的时候，每当这时，维多利亚女王总能够巧妙地化解误会，从而消除彼此之间的隔阂。

有一天晚上，皇宫里举行了一场盛大的宴会。维多利亚女王只顾着应酬那些来参加宴会的王公贵族，却把自己的丈夫阿尔伯特冷落在一旁。看到妻子忽视了自己，阿尔伯特心里很不是滋味，但为了不影响他人，他只好闷不作声地回到自己的卧室里。

阿尔伯特回到卧室不久，就听到有人敲门。阿尔伯特冷冷地问道："谁呀？"只听门外有人声音高昂地回答："我是女王！"阿尔伯特假装没有听清楚，躺在床上一动不动。门外的维多利亚女王等了片刻，看没有人开门，只好离开，准备重返宴会与其他人聊天。不过，当维多利亚女王走了一半的路程时，她又折了回来。

维多利亚女王第二次敲门，卧室里的阿尔伯特又问道："谁呀？"门外的女王温柔地说道："我是维多利亚。"听到这一回答，阿尔伯特仍然没有开门，而是继续躺在床上假寐。

此时的女王既有些愤怒，又有一些失落。她在心中愤愤地想："作为万众敬仰的女王，我竟然敲不开一扇小小的门。"一气之下，维多利亚女王又准备离开。

这次，维多利亚女王只走了几步，便返了回来，然后接着敲门。当敲门声第三次响起时，屋里的阿尔伯特仍然冷冷地问："谁呀？""我是深爱着你的妻子，维多利亚。"女王满含深情地回答。

这一次，门很快就打开了。

　　人与人之间之所以产生误会，是因为很多人不懂得放低姿态。比如在维多利亚女王敲门时，丈夫问她是谁，她的前两次回答分别是"我是女王""我是维多利亚"。丈夫听到维多利亚的回答，会感觉维多利亚在用"女王"的身份来压制自己，会在心中想："你是女王，你是维多利亚，跟我有什么关系，就是不给你开门！"面对一次次的敲门失败，维多利亚开始学会"服软"，让丈夫阿尔伯特感到彼此之间的关系是平等的，使他找到一种被尊重、被认可的感觉，从而巧妙地消除了夫妻之间的误会与隔阂。

　　从误会产生的根源上来说，发生误会的情况有两种：其一，由于自身的言谈不够谨慎、精准，行为举止不够得体，导致他人对自己的看法出现错误；其二，由于每个人的经历、学识、人生观、价值观、生存环境不同，常常会对同一件事情、同一句话的看法不同，并用自己的主观意见来判断、猜测他人。

　　当自己被误解时，一定要向对方解释吗？我认为一定要解释。虽然现在流行说，朋友无须你的解释，敌人不信你的解释。话是这样说，但现实是另外一回事。如果是朋友之间有误会，不解释，朋友就会成为敌人。如果是敌人，在关键问题上开诚布公，好好解释，你们就可能会成为朋友。而那种不沟通、不交流、不解释的闷葫芦做法，纯属自残行为，会将很多原本很小的事情，酝酿成天大的误会，从而造成悲剧的发生，并且很难挽回。

所以，对于那些能够解释清楚的误会，我们一定要寻找合适的机会，把事情解释清楚。一旦事情说清楚了，误会自然也就消除了。而对于那些难以申明或无法一时用行动证明的误会，我们也不要着急，而要用自己真诚的行动和时间来证明。

打造富有人情味的人际环境

我有一位江湖经验丰富的朋友，他跟我说："凡是做事缺少人情味的人，很少不是大奸大恶之人。"第一次听到这话的时候，我当然不相信。然而，后来随着我社会知识面的拓展，发现这个朋友的言论非常正确，见到和接触的很多事情，都让我不得不赞同这个道理。

在这个世界上，味道很重要。做土豆要有土豆味，做黄瓜要有黄瓜味，那么做人就要有人情味。如果黄瓜没有黄瓜味，那还是黄瓜吗？如果一个人没有人情味儿，那同样将是十分可怕的。如果没有人情味儿，我们的世界将变得铁血冰冷，到处是屠杀和战争。想一想第二次世界大战就知道了！那些战争狂人，诸如希特勒、东条英机等，大都是做事严谨苛刻、缺少人情味儿的人。

由此可见，做人可以不完美，但不能没有人情味。没有人情味的人，在交朋友的时候一定要小心谨慎，因为你不知道对方可能在你身上耍什么阴谋诡计。从心理学角度分析，人情味是人际交往中人与人之间真挚情感的自然流露，是一种能够让他人体会到被爱与关怀的奇妙感觉，更是一种由内而外散发出的能够感染他人的个性魅力。总之，人情味是人性中最为温柔最能温暖人心的精神力量。

在这里，我们说说幽默大师威尔·罗吉士的人生经历。

威尔·罗吉士不仅是幽默大师，同时也是一位牧场主。有一次，罗吉士喂养的牛冲出篱笆，偷吃了附近农户的玉米，农夫一气之下，把牛杀死了。依照当地牧场的通俗约定，农夫应该向罗吉士道歉，并赔偿罗吉士一定数额的经济损失，但农夫并没有这么做。

对于农夫杀牛的行为，罗吉士愤怒不已，带着一位用人去找农夫理论。当时正值深秋，马车上挂满了冰霜，二人的手脚都被冻僵了。好不容易走到农夫家中，却发现农夫不在家。

农夫的妻子看家里来了客人，便请他们进屋取暖。走进木屋，罗吉士发现农夫家家徒四壁，不仅妻子憔悴消瘦，五个孩子也都面黄肌瘦。

一会儿工夫之后，农夫从外面回来了。妻子告诉丈夫，这两位客人是顶着风寒来的。农夫并不知道罗吉士的来意，于是友好地与罗吉士握手拥抱，并要求他在家里共进晚餐。当时，罗吉士真想开口与农夫理论一番，却听农夫抱歉地说："来到我家里，却只能吃土豆，实在太委屈你们了，本来今天是可以有牛肉吃的，但由于风太大，牛肉还没有准备好！"几个孩子听父亲说最近会有牛肉吃，兴奋得两眼发光。

在进餐过程中，罗吉士的用人一直等罗吉士提牛被杀的事情，从而确定解决这件事情的办法。但罗吉士与农夫一家有说有笑，好像并没有什么不愉快的事情发生。晚饭结束后，外面的天气更冷了，农夫一定要他们在自己的家中留宿，等天亮后再回去。于是，罗吉士与用人就在农夫家住了一晚上。第二天，农夫妻子又为他们准备了早餐。吃完早餐之后，罗吉士便带着用人向农夫告辞。

在回去的路上，用人忍不住问罗吉士："我们冒着寒风而来，不就是为死去的牛讨个公道吗？可你却对这件事只字不提！"听到用人对自己的抱怨，罗吉士笑着说："的确，我最初是抱着这个念头来的。但当见到农夫一家人之后，我改变了主意，决定不再追究这件事。不过，死去的这头牛也并没有白死，也正因为这件事，让我体会到了人与人之间的人情味儿。毕竟一头牛可以再养，而这种温暖的人情味儿却不易获得。"

对于一个充满人情味儿的人来说，他不但对身边的家人、朋友等熟悉的人表现出人情味，甚至对陌生人或存在利害关系的人，同样表现出浓浓的人情味儿！在这则故事中，罗吉士虽然失去了一头心爱的牛，但他却意外地得到农夫一家人的盛情招待，并从他们那里获得了世界上最为珍贵的"人情味儿"，这无疑是一种最有价值的东西。从人际交往的角度来说，人情味是人类"情感"的一种表现，它体现出的是一种"意味深长"之"味"和"耐人寻味"之"味"。在具体的人际交往中，"人情味"体现出的是一种温情、善良、热心肠等充满温暖与爱心的美好情愫。

有一次，著名爵士女歌手戴安娜·克瑞儿，在北京某剧场举办自己的个人演唱会。为了一睹她迷人的风采，歌迷们很早便排队等待。演唱会开始后，全场都寂静无声，只听到她手指触动琴弦的声音。然而，当她的表演进行到一半时，突然有一个孩子的哭声打破了全场的宁静，甚至扰乱了观众们的心情。

此时，很多人都担心戴安娜·克瑞儿会因为被这个孩子的哭声打扰而甩手离去，然而出乎意料的是，戴安娜却用一种怜爱的声调念叨道："哦，亲爱的宝贝儿，是不是我的歌声打扰了你？"说来也奇怪，戴安娜只说了这么简短的一句话，孩子的哭声便越来越小，然后逐渐平息。

在面对矛盾时，能够用一种充满感情的方式来化解，这无疑是戴安娜·克瑞儿人情味的体现。在演唱时被不和谐的声音打扰，这是很多表演者都曾遇到过的事情。面对同样一个问题，有的表演者会摔门而去，有的表演者则会停止表演，然后用责备的眼神巡视台下，而善解人意的戴安娜·克瑞儿却能够用母亲般柔情的语言来安抚孩子，从而让无数的观众被她那充满人情味的举止所折服。

常言道：温暖胜于严寒。也就是说，一个人要善于用柔和的方式来打动他人。比如在管理工作中，领导者不要总是摆出一副冷冰冰的面孔，而要善于用温情的方式来感动对方，让对方感觉到你的人情味儿，这样一来无形中就增强了自己的向心力，使很多人愿意服从你、跟随你。

那么，究竟什么是"人情味儿"？其实，人情味是一种发自内心的对他人的爱和尊重。感激别人对你的好是人情味，体谅他人的难处是人情味，原谅他人的错误是人情味，为他人分忧解难是人情味。总之，人情味可以体现在我们人际交往中的每一个环节中。

比如，当你在读书时，要应对师生关系，要应对同学关系；当你参加工作后，要应对上下级关系，要应对同事关系；当你成家立业之后，要应对夫妻关系，要应对错综复杂的家庭关系，以及邻里之间的关系……在处理这些关系时，如果你能够体谅对方，并能够以一种充满爱和宽容的方式来解决这些问题，那么，你就是一个富有人情味儿的人。

第十二章

思维洞察——逆反心理控制术

当一位爸爸训斥一岁的儿子时说："不许把玩具扔掉！"孩子听到爸爸的命令，会立马把玩具扔到地上；当一位妈妈对两岁的女儿说："不要把手指含在嘴里！"小女孩反而是更频繁地把手指放在嘴里。最后，所有"不允许"的命令，反而变成了做某件事情的"提醒"。如果你掌握了逆反心理控制术，情况或许就会有所改变。

当有人跟你对着干，你怎么办

这个世界最复杂的是人心，有时候你越是想让别人听从你，别人越是跟你对着干！从物理学的角度分析，在这个世界上，每个作用力都存在一个与其大小相等、方向相反的反作用力。同样，人与人之间也存在一种作用力与反作用力，而且这种作用力的产生是一种无意识的本能反应。

由此可见，很多人之所以同你对着干，可能是一种本能的逆反心理在作怪，其实并不一定是对你本人有什么深仇大恨。比如当老师对学生说："不许做小动作，要认真听讲。"这个时候，学生反而会变得更不安分，总是不停地把玩东西。当领导对下属说："上班时间不许聊天，违者罚款！"下属听到上司的话，反而会在心里较劲道："该做的工作我都做完了！你管我做什么干吗？聊天！就是要聊天。"当妻子对丈夫说："不许在家里抽烟！"老公就会不服气地说："有几个男人不抽烟？如果我连烟都不敢抽，我还算什么男人？"

据心理学家分析，人为了维护自身的尊严，常常会表现出与对方要求相反的行为与态度，既不喜欢按照对方的要求做事，而且还要故意与对方对着干！很多时候，这不仅不是他们强大的表现，更可能是他们自我保护的一种姿态，通过这种方式宣告自我的独立和个性。这样也就更好地解释了为什么越是那些青春期的孩子越不听话，为什么越是那些涉世未深的员工越难以领导。其根本原因就在于他们的个性刚刚开始萌芽，棱角正尖锐，需要时间的打磨和历练。对于人们的逆反心理，聪明的人总有一套非常有效的策略，让他们乖乖就范。

针对人们的逆反心理，俄罗斯著名心理学家普拉图诺夫曾经做过一次典型的心理测试。他在自己的著作《趣味心理学》一书的前言中，特意提醒读者："请勿先阅读第八章第五节的故事。"当看到普拉图诺夫的提醒后，几乎每一个读者内心都产生了"对着干"的想法，迫不及待地翻看第八章第五节的内容。

其实，这正是作者的本意，他利用人们的逆反心理，达到了让人们关注第八章第五节内容的目的。如果他只是在前言中说，第八章第五节的内容很精彩，希望大家仔细阅读，这样反而起不了太大的作用。

在现实生活中，"逆反心理"是一种极为常见的心理现象，这是因为每个人都会对未知的事物感到好奇，从而产生想去了解它的欲望。尤其当这件事情被禁止，又没有对禁止原因做出明确的解释时，更加会激起对方的"逆反心理"，使他们更迫切地想了解这一事物，于是便形成了一种"对着干"的局面。

从消极的方面来说，"逆反心理"是一种单值的、单向的、偏激的思维方式，这种思维方式无法使人客观、全面地认识事物的本质，从而导致一个人常常用错误的方法来解决问题。比如，当两个陌生人甲和乙，在一条狭窄的道路上碰面。甲想让乙给自己让路，乙就会说："凭什么给你让路啊？这条路是你们家修的？我想站哪儿就站哪儿，你管得着吗？"这样的话分明是在抬杠，但很多人偏偏喜欢以这种对峙的方式来解决问题。再比如，当一位爸爸训斥一岁的儿子时说："不许把玩具扔掉！"孩子听到爸爸的命令，会立马把玩具扔到地上；当一位妈妈对两岁的女儿说："不要把手指含在嘴里！"小女孩反而是更频繁地把手指放在嘴里。最后，所有"不允许"的命令，反而变成了做某件事情的"提醒"。

你越是想让我做什么，我偏偏不做；你越是不想让我做什么，我偏偏非要做。为什么人们总是喜欢对着干呢？这是因为，当一个人被命令、被威胁时，会激发他内心的挑衅情绪。为了证明自己不是一个胆怯懦弱之人，他凡事都会与对方对着干。如果这种"逆反心理"反复在一个人的思维中出现，就会形成一种不良的行为定势，使一个人的内心越来越狭隘、行为越来越极端，最终导致一个人陷入一种"越禁越难禁"的恶性循环之中。

不过，从积极的方面来说，"逆反心理"也具有一定的益处：比如，逆反心理能够改变一个人固有的思维，使一个人敢于挑战权威，不被条条框框束缚，从而彰显自我个性。另外，如果一个人善于利用他人的"叛逆心理"，便可以用一种伪装的"禁令"来激励对方做你希望他做的事情。在这一点上，日本政治家枝野幸男可谓高手。

枝野幸男是日本民主党内头号辩论家，在他参加议员竞选时，他不但不去游说观众，也不到场演讲，甚至他公开说："我不希望你们投票给我，一点都不希望你们投票给我，拜托各位，我一点也不想当选。"说完这些之后，他迅速出发到外国去了，结果他不战而胜，以高票当选。这真是一次扭转全民心理的高级战术。

巧妙地利用别人的逆反心理，可以有效地改变其行为。一个人真正掌握了这种心理控制术，当遇到有人与自己对着干时，只需要简单的几句话，就能够使自己不战而胜，因为人人都有"你说什么他偏不干什么"的逆反行为。同时，我们还要警惕对方利用你的"逆反心理"来刺激你，使你做出不理智的行为。

此外，需要强调的是，很多时候一个人所谓的"逆反"，并不是真正反对，而是一种自我保护的思维定势。因此，在面对他人的"逆反心理"时，我们不能武断地把它当作"反对意见来处理"，而要善于不动声色地把对方的"逆反"转化为"顺从"。那么，如何才能够把对方的"逆反"变成"顺从"呢？我们不妨从以下四个方面入手：

第一，多提问、少陈述。要想从根本上减少一个人的"逆反心理"，就要从预防做起，从一开始就要杜绝那些导致他人产生逆反心理的事情发生。

在沟通过程中，陈述性的语言容易导致对方产生逆反心理，这是因为陈述者总喜欢摆明自己的观点，从而导致对方的排斥与抵触；相反，提问性的语言，则会给人一种征求对方意见的感觉，使对方更容易接受，以便充分发挥对方的主观能动性。另外，提问式沟通属于一种开放式的交流，在交谈过程中，我们可以让对方尽情表达自己的观点与看法，从而使我们对对方有一个更全面详细的了解。

第二，用可信度来缓解对方的抵触情绪。在人际交往中，每个人都喜欢与自己信任的人打交道，并且容易接受他们的观点，甚至把对方当作自己的人生导师。从这一角度来说，一个人对你越信任，那么他对你的抵触反对情绪也就越小。所以说，要想减少对方对你的抵触情绪，其首要任务就是让对方对你产生信任感，认为你是一个值得信赖、值得依托的人。

第三，激发对方的好奇心，从而减少他的逆反心理。有人说，兴趣是一种甜蜜的牵引。也就是说，当一个人对某件事物感兴趣时，这件事物便会激发他的好奇心，在这种好奇心的牵引下，他就会主动去探索、了解。因此，要想降低一个人对你的"逆反心理"，就要想办法让他对你本人以及你所谈的事情感兴趣。当一个人从内心认可了你这个人，自然就不会对你有什么抵触情绪。

　　第四，进行立场转换。善于替他人着想，是人际交往中最大的学问。在与他人相处中，要想不与对方形成势不两立的对峙局面，就要懂得转换立场，从他人的角度来考虑对方的需求与感受，并以对方所期待的方式来与他沟通。这样一来，就消除了对方对你的抵制情绪，从而使双方心平气和地进行沟通、交流。

禁果效应——越是秘密，越有诱惑力

先说说什么是禁果。根据《圣经》记载，上帝创世后，伊甸园里的亚当和夏娃快乐地生活着。神对亚当及夏娃说，园子里树上的果子都可以吃，唯"知善恶树"上的果实"不可吃、也不可摸"，如果偷偷吃了就会死。然而，夏娃有一天受到一条蛇的诱惑，偷偷地吃了禁果，发现甘甜无比，于是让亚当也吃了。上帝知道后无比震怒，决定把他们赶出伊甸园，世世代代受风雨袭击之苦。如今，禁果常被比喻为世俗或法律规定的不能做的事情。

人性就是这么奇怪，在众人眼中，禁果不能吃每个人都知道，但每个人都心痒难耐，都想偷偷品尝。可以说，人性中有一种天生的反应——越是被禁止接触的东西，就越是想接触；越是得不到的东西，就越是想得到；越是不允许你知道的消息，就越想知道。正如一句格言所说："禁果格外甜。"在两性情感领域，经典的流行语是"家花没有野花香"。

关于这一心理现象，心理学家还曾经针对孩子做过一个实验。在实验过程中，心理学家在茶盘内放了5只向下扣着的不透明的茶杯，刚开始发现孩子们对这些杯子毫无兴趣，之后，实验者在其中一只茶杯下面放了一块糖，然后重新扣住。临走时故意对孩子们说："杯子下面放有重要的东西，你们千万别动！"然后，实验者假装出门，在外面偷偷观察孩子们的行为。结果发现，越是强调不要动，他们反而越是感兴趣，甚至有一些孩子认真地查看了每一只被扣着的杯子，然后再把它们放好！由此实验可以看出：禁止越严，越是权威，人们的逆反心理就越强烈。这就是心理学上常说的"禁果效应"。

在商业领域，最早运用禁果效应的是法国农学家帕尔曼切。

帕尔曼切在德国吃过土豆，他觉得非常不错，于是就想把土豆推广到法国。可因为土豆生长在黑暗的地下，宗教界称它为毒苹果，医生则认为土豆在土里生长，就像附在根上的瘤一样，觉得它可能对人体健康有害，而农学家呢，则断言说土豆大量吸食土壤中的养分会使土地变得贫瘠。这些没有根据的断言，使土豆变成了一种被众人排斥的"不祥之物"。

"土豆有害"这个观点已经在法国人的脑海中根深蒂固，帕尔曼切费尽口舌，还是未能说服大众。1787年，帕尔曼切得到国王的许可后，在一块出了名的低产田里栽培土豆，并且请求国王答应派一支全副武装的卫队，保护这块土豆地。由于卫队白天严密看守，引起了人们的好奇，于是人们产生了强烈的偷窥欲。当夜幕降临，卫队撤走之后，人们悄悄地摸到田里，偷挖土豆，然后再把这些土豆小心翼翼地移植到自家的菜园里。

就这样，土豆田里每天都能迎来偷盗者。很快，土豆便走进了每家的小菜园。帕尔曼切也终于实现了自己的愿望。

"禁果效应"之所以受领袖人物及商界精英青睐，是因为它具有巨大的作用。不可否认，他们大都擅长运用"禁果效应"来驾驭众人。大众自以为聪明，其实正中他们设计好的圈套。他们把民众的好奇心理拿捏得恰到好处、滴水不漏，控制民众的心智而又不留任何痕迹，这才是真正高明的心理操纵术。

在日常生活中，我们常说的"吊胃口""卖关子"，其中就不知不觉地运用了"禁果效应"。在商业经营中，商家为了吸引消费者的注意力，常常会把"吊胃口"当作一种营销策略。比如很多电影总是明文标注"未成年人禁看"，其目的并不是把不符合标准的观众拒之门外，相反他们是利用众人的"叛逆心理"，以吸引更多的观众来看这部电影，从而让自己获得更多的利益。据说，奥斯卡导演李安的电影《色·戒》，之所以能够获得全世界的瞩目，在很大程度上受益于影片营销团队采用的"禁果效应"推广策略。

"禁果效应"不仅被广泛运用于产品的营销推广上，同时也被运用在孩子们的教育上。由于孩子天生好奇，所以"禁果效应"更加灵验，从而达到了一种意想不到的教育效果。

我认识一朋友，为女儿报了钢琴学习班。在练琴一年之后，她女儿觉得学钢琴没意思，准备放弃。于是，朋友买回一架漂亮的钢琴，放在自己的卧室里，然后她警告女儿说："你可不要摸我的钢琴哦！"女儿听了这话，心里直痒痒，对妈妈做了一个鬼脸后，回到自己的房间，她心想："等妈妈不在的时候，我可以摸个够！"

就这样，妈妈越是禁止，孩子就越想摸。可我这位朋友每次出门，总是把房间门锁得死死的，不给孩子一点偷摸钢琴的机会。到最后，孩子急了，对她抱怨道："妈妈，钢琴不是买给我的吗？为什么不要我碰呢？"这时，她问女儿道："你不是不打算学习钢琴了吗？还碰它做什么啊？"孩子一听着急了："谁说我不学习了？我还是很喜欢钢琴呢！"

这位朋友的聪明之处，就在于懂得运用"禁果效应"。她先是买回来一架钢琴，吸引孩子的注意，然后又禁止孩子碰这架钢琴。我们知道，越是被禁止的东西越具有吸引力，所以这架不让摸的钢琴引起了孩子的好奇，从而成功激发了孩子学钢琴的积极性。

马克思曾说："一切秘密都具有诱惑力。"世界上很多事情就这么奇怪，越是禁止就越禁止不了，这样一个心理奥秘，可以说是每一个在商圈打拼的人必须掌握的基本常识。

另外，根据"禁果效应"原理，当我们越刻意隐瞒一件事，反而会引起他人对这件事情更大的关注，甚至他们会通过不同渠道来打探这些信息，很有可能出现"好事不出门，坏事传千里"的情况。所以，懂得运用"禁果效应"，有助于自己的事业道路更顺畅，当然这个"禁"一定得是在法律允许范围内的才行。

稀缺效应——"无价之宝"是这样炼成的

在人类赖以生存的社会，我们每个人需要的物品都可以被划分为两类，即自由取得物和经济物品。所谓自由取得物，是指那些不需要付出任何代价就可以自由取用的物质，如空气、阳光等；而所谓的经济物品，是指不能自由取用、必须付出一定代价才能获得的物质资源，比如住房、汽车等，而且这些"经济物品"占据了所有物品的绝大部分。

由于地球上的资源有限，用来满足人们欲望的经济物品也是有限的，但人的欲望是无限的。也就是说有限的经济物品无法满足人类无限的欲望，从而导致经济物品出现"稀缺"现象。所以，在经济学中，经济物品又常被称为"稀缺物品"。但并不是所有的经济物品都是真正的稀缺之物，只有那些罕见、难以获得的产品，才是真正的"稀缺物品"，才能调动众人的购买积极性。

　　俗话说："物以稀为贵。"也就是说，当某些物品非常稀缺或开始变得稀缺时，它就会变得更有价值。在消费心理学中，我们把这种"物以稀为贵"而导致购买能力提高的现象，称为"稀缺效应"，即一种经济物品的购买机会越少，其价值就越高。

　　为什么物品短缺会对人们的购买行为造成如此大的影响？心理学家认为，害怕失去某种东西总是比希望得到同等价值的东西，对人们的激励作用更强烈。在这里，我们可以通过一则案例来证明这一现象。

　　在一场邮票收藏家蜂拥而至的珍稀邮票拍卖会上，所有人的目光都集中到台上那两枚邮票上，这是全球仅存的两枚黑便士邮票。随着价格的飙升，拍卖会进入一个小高潮，当时的价格已经涨到40万美元，这个价格已经打破了以往的邮票拍卖纪录。

　　突然，一个角落里有人喊道："200万美元！"拍卖会上的所有人都吓了一大跳，并议论说："这个人非疯即傻，要么就是钱多到了没地方放的地步！"

　　别激动，更令人吃惊的事还在后面呢！当这个中标的中年人缴纳了钱，拿到这两枚邮票之后，他立刻把连在一起的两枚邮票撕开，然后拿起打火机，将其中一枚邮票点燃、烧掉。这个烧邮票的举动引起了人们更大的骚动。台上的中年人扬起双手，喊道："不要紧张，我之所以会买下这两枚邮票，是因为这里面有一个大秘密。而这个天大的秘密，又必须烧掉其中一枚邮票才能展现出来。现在，我把这枚邮票提供出来，重新进行拍卖，谁要是得到这个邮票，我就会告诉他这个大秘密！"

如此一来，拍卖又一次进入高潮。大家争着出价，此起彼伏的出价声响个不停，这枚邮票的最终价格是 900 万美元。中标的人兴高采烈地走上台去，交了钱，拿过邮票。之后，这个中彩的人便急于知道那个天大的秘密到底是什么。中年人不紧不慢地在他的耳边轻轻地说："这个天大的秘密就是——这枚邮票是全球仅存的一枚黑便士邮票。因为是唯一的，所以它价值连城，请你务必保存好。"

这个例子说明了什么？它告诉我们，物品的稀缺性和唯一性会提高物品在人们眼中的价值，同时也反映了人们那种害怕失去或害怕得不到的心理。在日常生活中，我们经常会看到这样一些现象，比如人们总是对抓阄或摇号得到的东西更加珍惜，这是因为罕见、稀缺提升了物品本身的价值，从而使物品显得更为珍贵。

再比如当我们想买车时，必须先交定金，然后排队等车；当我们想买房时，在房子还没建成之前就要交房款，然后以数年的时间来等待交房入住；甚至我们想拥有一部自己心仪的手机，也要排队等候数日！在物质产品如此丰富的今天，竟然还会出现排长队等候的现象？难道真的是这些商品供不应求吗？其实，这是商家所采取的一种吸引顾客的营销策略——饥饿营销。

所谓饥饿营销，即商品提供商以大量的广告来宣传产品，从而勾起消费者对产品的兴趣。然而在商品的供应上，商家又故意降低商品的产量，从而制造出一种"供不应求"的假象，让顾客苦苦等待，从而更加激发了消费者的购买欲望。其最终目的是对产品进行提价销售或为将来大量销售产品奠定基础。

说起饥饿营销，苹果公司应该是最擅长这种销售策略的企业之一。在产品的推广、销售中，苹果公司始终坚持一种"可控泄露"的营销策略，也就是说，对即将发布的新产品的信息，进行有计划、有步骤、有目的的传播。

2013 年 9 月，苹果公司生产的 iPhone5S 和 5C 在中国同步发售。其中一款金色外壳的 iPhone5S 被消费者"爆炒"。当时，有不少报道称，这款被称为"土豪金"的 iPhone5S 已经被"黄牛"们炒到 1.5 万元的价格，其价格比官方卖价高出一倍多。即便这样，仍然是一机难求，很多人无法得到自己心仪的 iPhone 手机。

"土豪金"iPhone5S 之所以被追捧，也正是因为它与众不同的金色，可以准确地将 iPhone5S 与 iPhone5C 及 iPhone5 区分开来。也就是说，当你手持其他颜色的 iPhone 5S 时，别人根本看不出你手中拿的究竟是 iPhone5S 还是 iPhone5。所以，从某种程度上来说，"土豪金"的 iPhone5S 属于一种物以稀为贵的"稀缺产品"，它不仅是一种潮流的象征，更满足了消费者的"炫耀心理"。事实上，这款"土豪金"iPhone5S 不仅在中国市场上被"爆炒"，而且受到全世界"果粉"的追捧。因为"炫耀心理"是世界上大部分人都具有的心理，也正是在这种心理的驱动下，苹果公司达到了自己的营销目的。

苹果公司的产品之所以备受消费者追捧、青睐，在很大程度上受益于苹果公司对产品市场的控制，使产品供应始终处于一种相对的"饥饿"状态。每当一款新产品上市，无论市场的需求多大、消费者的热情多高，苹果公司始终坚持"限量供应"的销售原则。也正是因为这种"饥饿营销"，使那些得不到苹果产品的消费者产生了一种"买一部"的想法，甚至有人为了"先用为快"，不惜花高价购买黄牛手中的苹果产品。可以说，苹果公司正是巧妙地利用了消费者追求潮流的心理，一次又一次成功地完成了新产品的推广和销售。

在经济学中，饥饿营销不仅仅是一种营销手段，更是一种重要的经济理论。从经济学的角度来分析，一种商品的"效用"不同于它的使用价值，使用价值是物品本身的固有属性，是由其物理性质或化学性质决定的，而商品的"效用"则是指这种商品对消费者带来的满足感，属于一种主观性的心理概念。

在日常生活中，我们会发现，人们总是对那些随处可见的东西不理不睬、视而不见，然而，一旦这种东西变得稀缺，人们反而会把它当作宝贝来珍惜。可以说，这就是"稀缺效应"在日常生活中的体现。为什么会出现"稀缺效应"？从经济学的角度分析，这一现象的发生，受两种因素影响：

其一，与物品的相对稀缺有关。 对于某种东西，很多人都喜欢它，并想占有它，但由于资源稀缺，只有少数人能够拥有它。此时，这一物品的稀缺度就比较高。比如很多名家的名画，就是因为很多人想拥有它，所以显得更加珍贵。

其二，与物品的绝对稀缺有关。有一些东西，其本身的数量是有限的，甚至正在减少或灭绝，它本身的价值就会被提升。比如动物中很多珍贵的动物，正因为它们的数量在急剧减少，所以被列入"被保护动物"的行列，甚至成为整个世界的"无价之宝"。

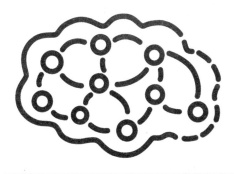

第十三章

有效说服——妙用思维出其不意地说服对方

　　要想说服他人，并不只是口才的事，并不是拥有正确的观点就行了，更需要我们掌握说他人的方法与技巧。从思维的角度来说，就是要善于运用预测性思维、逆向性思维等反常规思维来说服他人，这样才能达到一种出其不意的效果。

用反常规思维说服他人

在人际沟通中，人与人之间发生分歧是最常见的事情。这个时候，每个人最想做的事情就是：力争说服他人。然而，在说服过程中，令很多人郁闷的是：明明自己的观点是正确的，但无论如何就是不能说服对方。这究竟是为什么？

关于这种现象，心理学家认为，要想说服他人，并不只是口才的事，并不是拥有正确的观点就行了，更需要我们掌握说服他人的方法与技巧。从思维的角度来说，就是要善于运用预测性思维、逆向性思维来说服他人。那么，究竟该如何说服他人呢？即用一种反常规、反定势、反传统的思维方式来说服他人。用更通俗的话来说，就是换一种说服方法来争取他人的认同。

在西方国家，关于戴帽子有这样一种习俗：男士在户外可以戴帽，但入室后必须摘掉帽子；而女士所戴的大檐帽，在室内也可以戴。所以，在电影院里，总是有一些妇女在看电影时也戴着帽子，坐在她们后面的人对此非常反感，便向电影院的经理提议，禁止妇女们戴着帽子看电影。

听到观众的这一提议，电影院的经理说："禁止恐怕不妥，反而应该提倡一番才好！"第二天，在电影上映之前，银幕上出现一则通告："为了照顾高龄、衰老的女士观众，本电影院允许她们戴着帽子观看，请不必摘下！"

这种"提倡"女士戴帽子的通告只播放了一遍，在场的戴帽子的女士，甚至是六七十岁的老年妇女，都自觉地摘掉了自己的帽子。

在这则案例中，电影院的经理就是利用女士们"怕人说自己衰老"的心理，达到了制止她们在电影院戴帽子的目的。女人们认为，如果自己在电影院戴帽了，无疑承认自己是"衰老、高龄的老妇女"，所以，她们自觉地摘掉帽子，把自己与"衰老、高龄妇女"区分开来。

关于人际沟通中的说服力，乔布斯说："说服他人，是为听众提出最好的建议，而不是为自己提出最好的建议。如果一个人能够真正做到这一点，那么谁都无法从他的脚下抢走一块地盘。"事实正是如此，说服别人的最好办法就是你要通过提出合理的建议，让对方采纳，从而让他自己来说服自己。

在日常交往中，我们经常会遇到一些思维顽固、自我意识较强的人，他们总是让自己处于"不"的心理状态。在对付这一类人时，如果我们以常规的方式来说服他听从我们的观点，这往往是很难达到的目标。此时，我们就需要改变思维方式、调整角度，以一种出奇制胜的方法来说服对方。比如，为了消除对方对我们的"说服"所产生的排斥心理，我们需要先接受对方的观点，当对方感觉我们在支持他时，他就会对我们的话感兴趣。此时，我们不妨再找机会把自己的观点说出来，最终达到说服对方的目的。在这一点上，英国国王乔治六世的秘书阿南就表现得相当出色。

1944 年 6 月，盟军对德国法西斯的大反攻开始，并决定于 6 月 6 日在诺曼底登陆。在登陆前一天，英国首相丘吉尔突发奇想："诺曼底登陆将来定会是一场最具有历史意义的战役，如果能够让国王和战士们一起登上舰艇，亲历这个壮观无比的场面，将是多么激动人心的事情呀！"丘吉尔不但这样想，而且还把这一想法告诉了国王乔治六世。谁知，两人一拍即合，国王决定同士兵们一起前往诺曼底。

正当国王准备离开之际，国王的私人秘书阿南知道了这件事情。阿南深知国王的决定是错误的，但他也十分清楚，以国王至高无上的身份，他根本不可能轻易接受他人的劝阻。此时，阿南不动声色地对国王说道："尊敬的陛下，听说你将要亲临一线督战，那肯定是一个令全世界人激动的时刻！不过，我只是想问，你在出行之前，对伊丽莎白公主还有哪些吩咐？另外，万一国王与首相遭遇不测，王位由谁来继承？首相的候选人又有哪些人？"

听阿南这样一问，国王顿时醒悟，意识到自己做了一个非常愚蠢的决定，甚至预测到这一决定将会带来怎样的危险。于是，他立即宣布取消去诺曼底督战的决定，并极力劝阻首相丘吉尔也不要去冒这个险。

在这件事情上，机智的阿南并没有以"战场危险"的事实来正面劝阻国王，而是以"吩咐后事"的预测性思维，来支持国王的决定。当国王听到"吩咐后事"这种令人恐慌的问题时，早已被吓得魂飞魄散，自然就终止了自己当初的决定。由此可见，力争说服他人用正面的语言有时候并不奏效，反而是运用自己的预测性思维，去想象可能的结果，将结果呈献给被说服的人，这样更容易说服他。

那么，如何才能够使预测性思维说服法达到最佳的说服效果呢？在这里，我们一定要牢记以下三种说服要诀：

第一，首先需要明确所要说服的对象。从沟通学的角度来说，谈话的效果如何，会受到天时、地利、人和等各种因素的影响。也就是说，在说服他人的过程中，不但要把握好说话的时机，更要对沟通对象了如指掌，然后有的放矢，进行针对性的说服。只有与沟通对象站在同一条线上，你才能达到最佳的说服效果。

第二，需要懂得先求同后论异。明智的说服者绝不会直接否定对方，而是善于求同存异。比如，当你说服对方时，可以先肯定他的观点，支持他的主张，让对方感觉到你是"自己人"。然后，再循序渐进地表明自己的看法与主张，并最终达到说服对方的目的。

第三，需要隐蔽你的说服意图。在与人沟通时，不要让对方感觉到你在说教，更不要暴露你"说服者"的身份。否则，如果对方意识到你要说服他，就会对你产生防备心理，甚至时刻做好对你说"不"的准备。这样一来，他根本不可能接受你的观点，更不可能被你说服。

让对方自己说服自己

世界上从来没有一个人能够说服另一个人，除非让他自己说服他自己！

这句话究竟是什么意思呢？

耶鲁大学心理学教授迈克尔·潘德隆认为："每个人的心中都有行动的欲望，要让它释放出来，唯有靠自己说服自己！即人们只有在听到自己说出要采取行动的理由时，才会采取行动。"在心理学的范畴中，迈克尔·潘德隆把这种"自己说服自己"的心理行为定义为立即影响法。

为什么"自己说服自己"是最有效的说服方法？关于这一现象，科学家研究发现，我们可以在 7 分钟内，鼓励对方找出他做某件事情的理由，并把你希望他做的事情付诸行动；反之，如果你总是以自己的理由来告诉对方应该做哪些事情，不应该做哪些事情，就算对方不反对你的观点，但他也不会有积极行动的欲望。所以，在与他人沟通时，不要总是试图把自己的想法生硬地塞给对方，而是要用提建议的方法来说服对方，让对方感觉那是来自他自己的主意。这样一来，他就会自己说服自己来完成某件事情，从而巧妙地达到你的目的。在这一点上，美国总统罗斯福就表现得非常睿智。

众所周知，罗斯福是一位具有超强管理天赋的政治家。他不仅能够说服美国民众选举自己当总统，而且在他担任纽约市市长时，就曾经利用自己出色的口才，说服民众同意一些他们本不愿接受的政治改革。

比如，当一些重要职位空缺时，他并不是自作主张地推荐自己心仪的人选，而是邀请所有议员共同推荐人选。起初，议员们总会推荐那些人品很差劲的党棍来参选。这个时候，罗斯福就会说："大家都不认同这个人，要不我们再考虑一下其他人选？"

之后，议员们又把另一个党棍的名字提供给罗斯福。这个人是一名老资格的公务员，他不要求自己能够做出什么政绩，只求一切太平。此时，罗斯福又对议员们提议说："这个人无法达到众人的期望，他只能领导众人碌碌无为地度日！"然后，罗斯福请求他们再挑选更适合的人选。

　　议员们第三次提出的人选，已经比前两位出色很多，但还达不到这个位置的要求。这个时候，罗斯福对他们致以真诚的感谢，并恳求他们再试一次。

　　当他们第四次提出人选时，这个人相对更符合空缺职位的标准。此时，罗斯福对议员们的协助表示感谢，并任命这个人上任。更重要的是，罗斯福把这所有的功劳都归功于议员们，并告诉对方，他这样做的目的，就是为了让众人高兴。

　　果然，罗斯福的行为换来了众议员的拥护与支持。在罗斯福的不断努力下，他们终于接受了本来不愿意接受的"文职法案"与"特别税法案"这些改革方案。

　　据心理学研究发现，每一个人活动的目的就是寻求自我肯定。这种自我肯定的具体表现为：作为一个健康的人，他的任何行为都只是为了服从他自己特定的目的，而且这一现象对于任何一个身心健康的人都不例外。

　　可以说，罗斯福正是掌握了人们对自我肯定的需求，所以在做任何决定时，他都会先征求议员们的意见，让他们觉得，那都是他们自己决定的。这样一来，议员们就会认为，罗斯福就是自己的同盟军及利益代言人，如果他们反对罗斯福，就等于反对自己。为了保持自己观点的前后一致性，他们就自然而然地接受了罗斯福的改革方案！

在现实生活中，我们要想顺利地解决一些难题，同样需要掌握"让对方自己说服自己"的沟通技巧。比如，在面对对方的拒绝时，我们没有必要进行无休止的辩论，而要学会向对方提问。让对方在不断回答问题的过程中，让他们自己说服自己，之后接受他们原本不赞成的观点。

艾克是一名刚刚毕业的大学生，正为找工作而四处奔波。有一天，他无意中发现一家知名公司门前人山人海，经打听，得知是家大的广告公司在那里现场招聘，他们打算招聘 3 名设计人员。而艾克所学的专业正是设计。于是，艾克就这样凑巧地参与了进来，当艾克进去面试时，办公室里面一片忙乱。艾克问负责招聘的经理："请问，你们需要设计人员吗？"经理说："不缺。"艾克接着问："那你们缺少会计吗？"经理说："不需要，我们的招聘岗位已经满员。你看，有这么多的应聘者，我这都忙不过来呢。"艾克微笑着说："经理，那你一定缺少一个抄写员，我来帮你统计名单吧？"

在这一案例中，艾克的高明之处就在于，当他的观点被对方否定后，他并没有让自己站在对方的对立面。而是运用多观察、多提问的方式，找到了对方最赞同的答案，从而让自己很容易就找到了工作。所以，我们不得不承认，"让对方自己说服自己"是一种最高明的说服方法。

从心理学角度分析，每一个人都是以自我为中心来思考问题的，他们都渴望被人肯定和欣赏。正因为这种心理，每个人喜欢按照自己的意见去完成一件事、做某个决定，而不是被人强迫去做。这就是人性的微妙之处！在与人的沟通交往过程中，你必须掌握人类这一独有的思维特点，认识不到这一点，你就会处处碰壁，就会抱怨世界与自己作对，别人故意与自己作对，其实呢，是你自己没有看清社会的真相、人心的真相，看破了这一点，你就不会认为自己怀才不遇，就不会面对复杂的人际关系问题手足无措，而是通过努力让自己变得左右逢源、八面玲珑。

然而可悲的是，在现实中，很多人不懂得这个道理，他们的人生也总是不够顺畅。试想，如果你在与他人进行沟通时，总是以命令的口吻来要求对方，这必定会引起对方的反感。除非你是古代的帝王！否则，对方将很难接受你的观点！习惯用命令口吻要求他人的人总是会面临四面楚歌、举步维艰的困境！事实上，即使是皇帝，你也要善于从他人的角度思考，也并不总是直接下达强硬的命令，而要习惯于用商量和群议的方式来解决问题。

　　所以，无论是在日常生活中，还是在工作学习中，我们要想说服一个人，首先就要让对方认同你的观点。而认同你的观点的最好办法就是让对方参与其中，使他感觉这一想法出自他的大脑。这样一来，他就会自己说服自己来接受你的观点，并以一种积极肯定的态度付诸行动。

正话反说——从反向影响对方

社会复杂，人心叵测，并不是每一个场合都适合直言不讳。很多时候，我们要学会正话反说，学会从反向来影响对方，这样反而能够达到更好的沟通效果。

那么，究竟何为正话反说呢？这就是说，在表达某种意思或指出某个问题时，不是从正面说起，而是从反面说起，即用与本意相反的话语来表达本来的意思。比如，字面上是肯定、赞同某人，实则否定、贬低之意；或者字面上是否定、贬低某人，实则肯定、表扬对方。

正话反说属于一种迂回的表达方式。比如当向他人提出建议或意见时，直言陈述往往会让对方难以接受，而正话反说却可以很好地表达自己的观点，让对方在一种舒坦的氛围中欣然接受你的观点，从而使你的话语更具说服力。

在美国，有一则戒烟的公益广告就是采用正话反说的方式，来劝说消费者戒烟。广告宣传语是这么写的：

抽烟对人有四大好处：其一，抽烟可以节省布料，因为抽烟容易使人患上肺痨，导致一个人驼背、身体萎缩，自然节省布料；其二，抽烟能够防贼，因为抽烟的人大都患有气管炎，常常是整夜地咳嗽，听到咳嗽声，盗贼知道主人还没有睡着，自然就不敢入室行盗；其三，抽烟可以防蚊：因为抽烟时产生的浓烈的烟雾使蚊子们承受不了，自然就躲得远远的；其四，抽烟能够使人永葆青春，抽烟者大都短命，还没有等到年老，就已离开了人世。

从字面上来看，这则广告是在说抽烟的各种"好处"，实际上是在诉诸吸烟对人体的种种危害。当消费者看了这则正话反说、风趣幽默的广告后，不禁笑得前仰后翻，同时也在这种轻松、欢笑的氛围中，明白了吸烟有害健康的道理。

在日常生活中，我们也经常会遇到一些不便直说的话。这时，就需要我们能够换一种思维方式，以"正话反说"的方式来沟通。这样一来，不但能够隐去令人反感的词锋，同时也化解了彼此之间的矛盾与尴尬。

　　有一次，苏联领导人赫鲁晓夫去南斯达夫访问，总统铁托带领众官员前来迎接。在随行的官员中，有一个人非常讨厌赫鲁晓夫，他当众对赫鲁晓夫挑衅道："苏联和斯大林对我们做了很多坏事，所以我们很难相信苏联人！"

　　听到这个官员的话，在场的人都紧张起来，生怕发生一场激烈的口角。然而，令人意想不到的是，赫鲁晓夫非但没有生气，反而拍拍这位官员的肩膀，然后笑着对铁托说："铁托同志，如果你想让谈判失败，就任命这个人担任谈判代表团的团长吧！"

　　无论是在暗流涌动的政治场合，还是在利益相争的商业环境，或是在其他社交场所，当一个人身处尴尬环境时，便可以用这种正话反说的幽默方式，来为自己圆场解围。这样一来，不但维护了自己高大完美的形象，同时也充分展现了你不与他人计较的风度与素养，从而赢得更多人的认可与赞同。

　　所以，一个人拥有"会说话"的能力，善于运用"正话反说"的语言技巧，就会制造一种风趣、幽默的沟通氛围，并最终达到令人意想不到的"笑果"。

曾有一位演讲家，在演讲中打比方说："男人，像大拇指；女人，则像小拇指！"演讲家话音未落，在场的所有女士都强烈反对，认为演讲家在故意贬低女人。此时，演讲家不紧不慢地补充道："尊敬的女士们，大拇指给人的印象是粗壮有力，而小拇指给人的印象则是纤细、乖巧、可爱，请问诸位女士，有哪位愿意让自己成为大拇指？"听到演讲家的话，在场的女士们都相视而笑，并对演讲家投以崇敬赞许的目光。

在这里，演讲家故意用大拇指来比喻男人，用小拇指来比喻女人，从而颠覆了众人脑海中"大拇指代表顶呱呱，小拇指代表很差劲"的定向思维。从表面上看，演讲家是在贬低女人，实际上，他是运用"正话反说"的语言技巧来赞美女人，从而使听众在化嗔为喜的戏剧性变化中，领悟到演讲家的真实意图。

正话反说，是一种兼具幽默和机智的说话技巧，它不仅能够巧妙地化解人际交往中的尴尬处境，同时也使一个人的话语更幽默、更风趣，从而在欢声笑语中为听众留下更大的思考回味空间。在这里，我们不妨列举出"正话反说"在人际交往中最常见的几种用法：

当直接表达被禁止或压制时，可以用"反话"来表达其正面的意思；

当对方提出荒谬的观点时，我们不必强加驳斥，而是运用谬上加谬的方式来进行推理，从而使荒谬的事情极端化，并最终达到归谬的目的；

当正面语言难以表达某一观点时，可以用"正话反说"来强化自己的观点。

第十四章

看清真相——如何运用思维拓展和整合资源

　　任何人的成功，都不要认为他是单纯依靠努力勤奋就可以的，更多的是他们拥有一个自己的圈子，并赢得了重要人物的支持。如果你拓展和整合了这些资源，可能并不需要你付出多少汗水和心血，一样可以迅速获得成功。

跟圈内重要人物联系

一个小朋友问一名富翁说："叔叔你为什么这么有钱？"

富翁摸摸小朋友的头说："小时候我爸给了我一个苹果，我卖掉它得了两个苹果，后来我又用这两个苹果赚了四个苹果。"小朋友若有所思地说："哦，叔叔，我好像懂了。"富翁说："你懂个毛啊，后来我爸死了，我继承了他的全部财产……"

这才是社会真相！很多成功者并不像我们想的那样，并不都是通过埋头苦干而成功的。事实上，重要人物的帮助非常重要。这个富翁继承的又何止是父亲的财产？更包括父亲的人脉。

所以，我在这里给广大读者一个建议，任何人的成功，都不要认为他是单纯依靠努力勤奋就可以的，更多的是他们拥有一个自己的圈子，并赢得了重要人物的支持。如果你做到了这些，可能并不需要你付出多少汗水和心血，一样可以迅速获得成功。

被美国《商业周刊》誉为"全球第一CEO"的杰克·韦尔奇，在成功之路上就遇到了很多贵人。正是因为有了这些贵人的帮助，他才从一个初级工程师成功走到了总裁的位置。在他进入通用电器21年后，他接替了总裁雷金纳德·琼斯的职位，就任通用电器第八任总裁，从此掀开了他事业上不平凡的一页。

其实，作为琼斯指定的接班人，韦尔奇并不被外界所看好，因为琼斯是一位非常优秀的企业家，在琼斯耀眼的光环下，韦尔奇显得那么平凡。当时的韦尔奇并不在意外界的目光，他多次向新闻界表示他非常感谢琼斯的照顾和提拔，同时暗中积蓄自己的能量。

他勤奋好学，与圈内的老大哥琼斯的关系非常要好，而琼斯呢，也非常愿意帮助这位虚心好学的接班人。等到韦尔奇展现自己才华的那一天，外界才惊呼，这是一匹被忽视的黑马。于是，韦尔奇开始受到大家的尊敬和爱戴，并最终获得了"全球第一 CEO"的称号。

我们不得不承认：一个好的圈子或许能够改变你一生的命运。如果你能瞄准目标、精准出手，将重要人物纳入你的圈子，很多时候你就能在残酷的竞争中脱颖而出。

什么样的人才是重要人物呢？事实上，并非那些富豪才是重要人物，你身边的朋友、你的上司以及你身边那些充满正能量的人，都可以在实际工作、生活中帮助你，甚至在精神上激励你积极向上。从某种意义上说，他们都是你的重要人物。如果你的圈子里充满这样的人，你就能够获得更快的成长，人生也将更容易获得成功。

如果你刚刚踏入社会，胆量或许会比较小，总觉得公司的那些重要人物很威严，很难接近。然而，事实上这些重要人物并不像你想象的那样，他们都是十分和善的，并且大都好为人师。这个时候，如果你不敢去请教他们，你就会失去很多向成功者学习的机会。

汤姆的第一份工作是在美国洛杉矶一家管理顾问公司当职员。他们的总经理看起来非常凶，时常训人，但不可否认，这位总经理非常专业。平时，别的同事都躲着这位经理走，只有汤姆常去向这位经理请教问题，遇到不懂的专业知识，汤姆就去问。经理虽然严厉了些，但教得非常认真。

后来，汤姆想做他的特别助理，同事们都觉得汤姆一定是疯了，因为特别助理工作量非常大，薪水却和原先一样。汤姆当了特别助理后，当别的同事休假的时候，他还在公司加班。汤姆的工作虽然很累，但他学到了很多知识，他说："跟在总经理身边，能够学习怎样去面对大客户，视野也就变得不一样了。"

汤姆不计较短期回报，在总经理的身边工作，让总经理觉得他是个不可多得的好员工，很乐意教他。因此，汤姆在职场上成长得非常迅速。到了第三年的时候，总经理提拔他做了一个大区的负责人。

或许你没有一个当大老板的爸爸，但不要紧，你一样可以靠自己的聪明才智改变命运。很多重要人物并不像看上去那样难以接近，他们也拥有人的七情六欲和喜怒哀乐，只要你能够赢得他们的信任，你一样可以得到他们的指点和帮助，这样你就可以获得比大多数人快得多的成长。

现在，很多年轻的职员不敢去敲老板的门，不敢向老板提自己的见解，只会埋头苦干，不重视圈子里的人际交往，久而久之，老板就忽视了他的存在。也许你的能力很强，可是没有人指路，你会走很多弯路。即使老板看到了你的成绩，可谁又愿意培养一个不与人打交道的职员呢？要知道，每个老板都渴望培养一个与自己价值观和思维相近的人。

美国前总统艾森豪威尔在西点军校读书的时候，学习成绩非常一般。第一次世界大战的时候，他的同学都因立下战功快速升官，而他却还在做内勤工作。

艾森豪威尔不愿意一直这样默默无闻下去。他认为，要想在军中继续发展，必须找到这个圈子中的重要人物，和他们建立友好的关系，当时他找到了备受尊敬的指挥官福克斯·康纳将军，并申请调到这位将军麾下，向他学习。

艾森豪威尔真是太幸运了，康纳将军正好对他有好感，在他们以后的接触中，康纳将军越来越喜欢这个年轻人，并有意培养他成为接班人。后来，两个人的关系亲如父子。虽然艾森豪威尔没有战功，但他得到了重要人物康纳将军的指导。借助康纳将军和他身边的圈子，艾森豪威尔从此展开了他辉煌的政治生涯。可以说，如果没有康纳将军，艾森豪威尔不可能登上美国总统宝座，艾森豪威尔在其自传中写道："这一切都要归功于康纳将军。"

什么是幕后的真相？这才是！我们不要沉迷于那些传销学教材，以及那些只懂得打鸡血的演讲稿，因为他们总是会移花接木或断章取义，他们的言论大部分都经过了精致的包装，很多重要的事实并没有告诉你。

什么才是重要的东西？例如，盖茨的书不会告诉你他母亲是 IBM 董事，是她给儿子促成了第一单大生意，巴菲特的书只会告诉你他 8 岁就知道去参观纽交所，但不会告诉你他是由身为国会议员的父亲带他去的，并且是由高盛的董事接待的。这就是事实。如果没有他们的父辈留给他们的人脉圈子，他们可能一辈子也碌碌无为。如果你天生没有圈子怎么办？那么，就向蜘蛛学习，亲手为自己编织一张庞大的人脉关系网络。

这是世界上很多穷人都不明白的道理，所以他们穷了一辈子。我们必须深刻地认识到这一点——跟圈子里的重要人物建立关系，这是成功的催化剂。从今天开始，善待你周围的人，与他们打成一片，和他们建立密切的关系。要知道，圈内的重要人物将是改变你命运的贵人。圈内的重要人物不仅仅包括你的老板，还包括你的师父、你的同事、你的啦啦队成员，你身边的每一个人，他们都可以为你将来的成功贡献力量。

　　成功是一个改变思维的过程，其中最重要的就是改变交际思维。当你找到圈子里重要的人物，你就找到了一位好的向导，他会带着你在通往成功的荆棘路上奋战，帮你扫清障碍，给你指明前进的方向，帮你一步步迈向成功。

选对师父，干劲十足

世界著名的研究富豪思维的专家哈维麦凯曾经说："世界上所有成功人士，都有一个共同的特点，那就是他们每个人都有一个职业导师！"那么，请问你有职业导师吗？

当听到这个问题时，10个人中有8个人会反问："什么是职业导师？"

"职业导师"一词具有很长的历史，其英文为"Mentor"。如果翻译成中文即良师、顾问、优秀的领导者等，是指某一领域中有经验的专业人士，他们能够从现实世界的角度为他人提供职业上的指导、建议和帮助。也就是我们中国人称之为"师父"的那个人。

西方国家的人，一直都很重视职场中的师徒关系。关于这一点，德国政府明文规定，一个企业每拥有15名员工，就必须招收一名学徒，否则将会被罚款；而在年收入居全世界第三的瑞士则规定，学生在读完义务教育后，凡是上职业学校的学生，一个星期中至少要有三到四天去企业中见习，锻炼自己的技艺，营造自己的圈子，结缘自己的"职业导师"；剩余的一到两天在学校学习语言、数学、物理、化学等理论课程，所以，尽管瑞士有 2/3 的人没有读过大学，但依靠这种职业中的师徒关系，他们在机械业及钟表业中一直保持着全世界领先的水平。

关于"职业导师"的作用，欧莱雅中国有限公司的人力资源总监史晓白说："所谓'职业导师'，是指能够在职场中引导你、帮助你、培养你、保护你的人。"职场中最常见的师徒关系，往往是直接主管与下属之间的关系。比如著名的宝洁公司，就是通过主管对下属进行指导、传授经验，来提高新员工的工作技能。在宝洁公司，师父带徒弟是天经地义的事情，没有一个人会对这件事情产生质疑，更不会有人这样去想：我为什么要栽培新人，来威胁自己的地位？这些企业之所以建立内部的"职业导师"制度，其目的是让新员工或职位低的员工，向经验丰富的老员工学习，一对一地学习。可以说，这也正是宝洁公司得以发展壮大的关键所在。

在职场中，一个人选对了师父，他就成功了一半。所以在选择师父时，我们一定要选择人品好且有能力的人来当自己的"职业导师"。这就好比武侠小说里那些拜师学艺的人，如果你选择武功高强的人做师父，你只需要花费几年的时间，就能获得他人几十年才能练就的功力。当然，一个人要想学艺成功，不但要具有发现"好师父"的眼力，更要让自己成为一名值得被传授的徒弟，这样一来，师父才愿意把所有的功力毫无保留地传授给你。

一位真正优秀的职业导师，他会在职场中指导你，为你设定合理的职业目标、帮你克服各种职业挑战，同时，他还是你生活中的良师益友，当你在生活中遇到挫折、困难时，他会以兄长或父辈的身份来安慰你、支持你，并在精神上鼓励你。

好的师父能够改变我们一生的命运。不过，好师父并不是等来的，而是通过你自己的不断努力找来的。然而，对于刚刚进入职场的人来说，由于还保留着"书生"式的清高，不愿意主动向他人请教、学习，自然会丧失很多获得"良师"的机会。

一个人要想获得一名优秀的师父，首先要清楚自己真正需要的是什么，并按照自己的标准来选择适合自己的师父；其次，在选定师父之后，要主动从师父那里争取事情来做，而不是被

动地等待师父安排任务；最后一点也是最重要的一点，要善于
从更高的视角来看问题，不要计较短时间内的得与失。

那么，从现在开始，就试着去寻找适合做自己师父的那个
人吧。然后再努力维持融洽和谐的师徒关系！比如，当你发现
某个人是你敬佩并值得学习的人时，你可以试着邀请他一起喝
咖啡，在聊天的过程中，你可以提出工作中遇到的一些问题或
麻烦，并征求他的意见，当他对你的问题提出不错的建议时，
你要对他的建议表示赞同，并感谢他对你的帮助！当你们相处
的时间久了，他就会不自觉地把你当成自己的徒弟来对待，并
心甘情愿地做你职业上的引路人。

美国麻省理工学院的管理学教授 Stephen Graves 曾经说：
"相比书本理论，经验才是最好的老师。所以，具有经验的老
手与新手之间良好的互动，会为公司带来效率的提高。而且，
这种师徒之间的互动，可以让师徒双方均获益。"所以说，职
场中师父与徒弟之间，并不是徒弟在一味地索取。徒弟的寻求
帮助，反而能促使师父更优秀，当师父越来越成功，徒弟也就
是他不可或缺的左膀右臂，这样徒弟离成功也就不会再遥远。

当别人的师父，培养出色徒弟

提到"师父"二字，人们首先想到的是，师者即传道、授业、解惑之人，可以说，也正是有了"师父"这一角色的出现，才使各行各业的"真经"得以延续传承。

在当今社会，"师父"一词，并不仅仅指学校中以教书育人为职业的人，通常也出现在职场上。比如，下属称自己的领导为"师父"，新入职的员工称老员工为"师父"。在职场中，每个人都曾经是新人、是徒弟，然后在不断历练的过程中，成长为经验丰富的"老人"和师父。再有新人入职时，这些被称为"老人"的员工，都要以师父的身份带领新员工来熟悉公司环境，并指导他们开展工作。

作为职场中的师父，并不像学校里的老师总希望自己的学生掌握的知识越多越好。此时，他们想得最多的事情就是："我为什么要带这个徒弟？带徒弟究竟对我自己有什么好处？为了防止'教会徒弟，饿死师父'这样的现象出现，我是不是要留几手？"其实，这种"教会徒弟，饿死师父"是流传已久的思维陋习，是定势思维，更是那些懒惰之人消极的自我保护。

从宏观的角度分析，学做他人的师父，无论是对自己、对他人、对企业甚至整个行业的发展，都是有好处的；从自我的角度来说，如果徒弟学得好，师父脸上也有光；另外，从知识掌握的角度来说，自己认为很懂的一个概念，在你没有向他人讲解之前，你是无法做到全面理解的，而在教他人的过程中，你会进行更全面的思考，从而让自己进行再一次的学习。也就是说，一个人要想提高自己，就要多教他人。所谓教学相长、水涨船高，讲的就是这个道理。从新人的角度来说，如果能够得到经验丰富的老员工的指导，自己会学到更多的知识，在工作中的进步就会更大；从企业的角度来说，师父带徒弟，有利于企业员工整体素质的提高，同时也增强了团队之间的合作精神；从行业的角度来说，传承是一个行业不断发展的基础。作为师父角色的老员工，要想使自己所从事的行业发扬光大，就要毫无保留地把自己所掌握的某种技能、配方、工艺传授给徒弟，以防止在你这里失传，从而对行业造成极大的损失。所以说，职场中"老带新"是一种有百利而无一害的多赢行为，作为师父不应该有"留一手"的保守思想，而应该打破这种定势思维的禁锢。

迪士尼和 ESPN 媒体网的女性领导者名叫纳塔莉·卢本斯基，有一次她录用了一批员工。面对他们，纳塔莉知道考验自己的时刻来临了。她不但在生活上帮助他们，在工作上她更是他们的师父，亲自指导他们的工作，并把重要的任务交给他们去完成。在她不辞劳苦的引导与带领下，这些员工的工作技能有了很大程度的提升，并为公司带来了可观的利益。同时，纳塔莉也从他们身上感觉到了年轻的力量，这种力量激励着她不断前进。

在职业生涯中，一个职场新人最良性的成长并不是在挫折、弯路中慢慢反省，而是能够有一位经验丰富的师父，以自己的言传身教来帮助他成长。而且在这种师徒关系中，师父的行事风格，往往会对徒弟以后的心理、行为产生巨大的影响，甚至徒弟会直接 Copy 师父说话、处事的方式，也就是说，一个人初入职场时，他的师父将是他未来职场形象的塑造者。

比如，如果一个师父对工作总是一丝不苟、精益求精，那么他带出来的徒弟也会是一个敬业之人；反之，如果做师父的在工作中总是潦草行事，以敷衍的态度来对待工作，那么他的徒弟也将是一位只求皮毛的浮躁之人，很难有所建树。

金丽英是 IBM 综合事业处的业务经理，也曾是大中华区董事长兼首席执行总裁周伟的助理。在工作中，周伟不但是金丽英的领导，更是她的师父。在与师父周伟相处的过程中，金丽英从他那里学到了很多有用的东西。

有一次，IBM 人力资源部请周伟为下属们讲一堂有关领导力的课程。在接到这一任务后，周伟不但亲自准备 PPT，而且对讲课内容进行了多次修改。课程结束后，一名刚入职的新业务员向周伟请教一个问题，面对这个复杂的问题，周伟无法以简短的文字回答，必须搜集相关的资料，才能得出准确的答案。因此，他让这位新人先回去工作，并告诉他过几天给他回复。在之后的几天，周伟不仅亲自花时间搜集资料、整理答案，而且让助理金丽英务必找到那个提出问题的新人，然后给对方一个完整、详尽的答复。

面对师父周伟的敬业精神，金丽英深有感触地说："如果我是那位业务员，肯定备受感动。而且更令我感到幸运的是，自己竟然有这样一位说话算数的师父。"在以后的工作中，金丽英无论是给下属们上课，还是参加演讲，每当有人提出自己一时回答不出的问题时，她都会让提问者留下联系方式，当自己整理出正确答案后，便立即答复对方。

作为师父，一定要以身作则，以榜样的力量来释放更多的正能量。那么，作为师父，要怎样打破自己的定势思维呢？在这里，我们不妨提出四条标准：

第一，好师父必须具有奉献精神。在竞争越来越激烈的社会上，很多职场中的师父在带徒弟时，总担心自己的生存问题。因此，师父们不愿意毫无保留地教徒弟。从职业操守的角度来说，"留一手"是缺少职业道德的表现。比如，在面对一项重要工作时，如果因为师父"留一手"，导致徒弟不具备这种工作技能，在解决问题时，徒弟就会做出各种假设、尝试，甚至进行错误的操作。往小了说，可能会对企业造成经济上的损失；往大了说，甚至会因为徒弟技术上的失误出现某种人身安全问题。

作为一名好师父，要具有宽阔的胸怀和无私的奉献精神，心甘情愿地把自己的职业心得和工作经验传授给徒弟，并抱着一种"青出于蓝而胜于蓝"的心态，来欣赏徒弟的进步！

第二，好师父要懂得谦虚。谦虚不仅是一种美德，更是一位师父应该具备的职业素养。在职场中，无论你获得的成就有多大，也只是某一领域的"专家"或"师父"。比如，你是一名技术高手，在技术指导上你是权威，很多人都称你为"师父"，但在产品销售方面，你就不如那些销售高手，甚至他们是你的"师父"。所以，一个出色的师父要懂得谦虚，只有这样才能够获得徒弟的尊重，从而促进师徒关系的和谐发展。

第三，好师父要善于学习，要具有不断进取的精神。在职场中，早已实行了终身学习制。一个师父要想永久地保住自己的"师父"地位，就要不断地学习新知识、新技能，使自己的思想永远紧跟潮流与时俱进。反之，如果师父总是在炫耀自己曾经的辉煌，并以老眼光来要求徒弟，用已经过时的技术来指导徒弟，将很难获得徒弟的钦佩与认可。

第四，好师父要学会授权，并对徒弟的行为负责。在带徒弟的过程中，善于授权是一个师父成熟的表现。比如，当你的徒弟已经基本掌握了某种技能，这个时候，你就要把自己职权范围内的事情，委托给徒弟去做。这样一来，你不但有更多的精力来做更重要的事情，同时也给徒弟创造了一个锻炼的机会。

但是，作为师父千万要记得，你的徒弟现在还只是一个"刚学会走路的孩子"，并不具备掌控全局的能力。此时，作为徒弟行为的引导者，你的职责就是时刻观察徒弟的行为表现，并根据他能力的大小，来进行适当的授权，并及时解决徒弟在工作中所遇到的问题。

总之，徒弟是师父行为的一面镜子，能够真真切切地呈现出师父的一言一行。师父在看到徒弟身上的缺点时，最有效的方法并不是去批评、指责他，而是先纠正自己。当把自己变成一位优秀、卓越的师父时，自然也就培养出了出色的徒弟。

第十五章

如何凝聚思维能量，让自己更有内驱力

　　"为什么每天都有永远做不完的事情？"这几乎是每个人经常抱怨的问题。究竟什么事情，占据了我们的时间？如果你能凝聚自己的思维能量，用对了思维方法，你的内驱力就会被激发出来，做起事情就会更加得心应手。

重塑自我——积极的自我意象

在我们每个人的心中，始终都有一幅自己的自画像。在心理学上，我们称它为自我意象，即一个人的自我认识与自我评价。通俗点说，就是关于"我属于哪种人"的自我观念。

那么，一个人的自我意象是天生的吗？心理学家认为，自我意象并不是先天形成，而是在个体的后天发育中逐渐形成的。而且，一个人的自我意象受生活环境、教育环境、自我经历、自我体验，以及所接触的亲朋好友的影响，因此，自我意象可以重塑。

比如，你想成为什么样的人，其实在你很小的时候，头脑中就已经形成了一个模糊的自我形象。然后，随着自我身体、思想的不断成熟，头脑中的这种意象也变得清晰起来。当内心的意象成形、稳定后，一个人的发展方向也就初步定形。

心理学家认为，人的一切行为都与他的意象有关。也就是说，一个人并不是生活在现实中，而是生活在自我意象之中。比如，很多出身贫寒的伟大人物，他们的童年生活虽然在社会底层度过，但他们能够让自己具有与贫寒身份不相符的行为举止。这是因为，在他们的自我意象中，始终把自己定位成伟人，自然在日常的言行举止中，表现出伟大人物的风范。当他们逐渐长大，并以这种积极的自我意象来指引自己的工作、生活，使他们最终实现了成为伟大人物的梦想。

据说，在克林顿很小的时候，他的母亲弗吉妮亚就经常用"将来我要当总统"的话语来激励他，甚至在他的 T 恤衫上写着"未来总统是克林顿"的字样。有一次，学校组织优秀的学生去白宫参观，克林顿也在其中，他亲眼见识了梦想中的白宫，从而坚定了他长大后要进入白宫工作的决心。从那一刻起，克林顿就树立了自己当总统的自我意象，并朝着这个目标不断努力。最终，他当上了美国总统。

美国著名的整容医生马尔茨，在为无数的病人整容之后，发现了这样一个奇怪的现象：他发现自己手中的手术刀是一根万能的魔棒，它不仅能够改变一个人外在的容貌，而且能够改变病人的人生观和性格。比如，那些原本害羞、不善交际的人，在整容之后开始变得胆大、无畏；那些原本行为笨拙的年轻人，在整容之后变得机灵、聪慧起来；那些"无恶不作"的犯人，在整容之后变成了"囚犯标兵"……总之，通过改变一个人的外在形象，似乎能够创造出一个全新的人。

为什么会出现如此奇妙的现象？马尔茨经过长时间对病人心理的研究发现，其实在每个人的内心，都有一幅描绘自我的精神蓝图或心像。对于绝大多数人来说，这种图像是模糊不清的，甚至我们根本意识不到它的存在，但它不可否认地存在于我们的内心。

如果从类别上来区分，自我意象可以划分为两种：一种属于负面的、消极的意象，这种意象常常会击垮一个人的自信，使一个人变得垂头丧气、萎靡不振；而另一种则属于积极的、充满激情的、自信的自我意象，它有助于推进一个人成功。

对于个体而言，当这种所谓的"自我意象"在心中形成后，它就会成为既定的"事实"，每个人都不会对它的正确性产生质疑，并且头也不回地按照它的意愿去行动，直到它成为真正的事实。

比如，自我意象中认为自己是"胖子"的人，无论他多么努力地减肥，总是徒劳。就算他短暂地达到了减肥的目的，但不久又会产生"反弹"的情况，这是因为一个人根本无法做到长时间超越或逃避自我意象。再比如，如果一个人常常以"失败者"自居，就算他为改变这种形象，付出了再大的努力，就算他的意志再坚定，最终也无法改变他失败的事实。

关于自我意象对一个人的影响，被誉为自我意象心理学先驱的普莱斯科特·雷奇曾经做过一系列颇具说服力的实验。

英语拼写实验中，有一个学生拼写了 100 个单词，其中有 55 个单词拼写错误，而且他有很多门课程都不及格。但第二年他成了全校英语拼写成绩最优秀的学生，而且各学科的成绩都在 90 分以上；另有一男孩，在读中学时，由于学习成绩太差被迫退学。然而在经过实验之后，他不仅顺利地考入哥伦比亚大学，并且成为这所大学的全优生；还有一位女学生，拉丁文考了 4 次都不及格，当普莱斯科特·雷奇与她谈了 3 次话之后，她最后以 84 分的成绩通过考试。

同样是一个人，为什么前后却发生了如此大的变化呢？

对于这一现象，普莱斯科特·雷奇的解释是，个体都拥有一套思想体系，而这套思想体系的中心就是一个人的"自我理想"，也就是所谓的自我意象。在这套思想体系中，所有的思想必须保持一致性，对于那些与体系不一致的思想，将会被排斥或者"不被信任"，而对于与体系一致的思想，则会被积极采纳。也正是由于这种现象的存在，思想体系会不自觉地收集强化那些一致思想，从而使所有的行为与自我意象保持一致。

美国人本主义心理学家罗杰斯对"自我意象"的定义是，自我意象即人们过去的一些经验的总和。也就是说，自我意象的一切内容，表现的都是在现实中发生的事情。即先是"我"与某个人发生了一件事，之后"我"把这件事所产生的体验当成了"我"的一部分。在自我的体验过程中是这样的顺序，先是"某个人"对"我"怎么看，之后是"我"也接纳对方对我的看法。而且，在此体验中，这所谓的"某个人"对"我"越重要，那么他对我的"自我意象"的影响也就越大。比如，在你刚刚记事的时候，你的父母总是否定你、打击你，这样一来，你就会在脑海中产生一种"我不行"的消极的自我意象。

总之，自我意象是一个人性格特征、行为举止产生的前提与基础，而且我们生活中的种种经历总是在加深、证明我们脑海中的自我意象，从而形成一个持续不断的循环。所以说，一个人要想重塑自我，首先要形成一个积极的自我意象，然后用信念、行动来规划实践，从而塑造出一个更完美、更优秀的自己。

进化自己——提升你的见识和境界

我的一个朋友，他是一名心理学家，在聊天中我们达成了一个共识："成功不是追求来的，而是被改变后的自己主动吸引过来的。"扪心自问，你曾经改变过自己吗？你一年前在做什么？现在的你是否还在重复一年前所做的相同的事情？如果你说"YES"，那么我会对你说，对不起，很遗憾！如果你说"NO"，那我就要恭喜你，此时你已经迈出了人生的第一步——进化自我及改变自己。

一个人要"进化自我"，首先要具备"认识自我"的能力，也就是心理学范畴中所谓的"自我认知"。在"自我认知"过程中，如果一个人不能正确地认识自我，看不到自己的优点与特长，甚至总感觉自己不如他人，则会产生一种处处不如人的自卑感；反之，如果一个人只看到自己的优点，而看不到自己的缺点，这个时候他就会盲目自大。所以说，正确认识自我，是进化自我、完善自我的前提与基础。

麦特·海默维茨是美国著名的大提琴家，他在15岁时，举办了自己的第一场音乐会，受到社会各界人士的关注。在16岁时，他荣获了艾弗里·费瑟职业金奖。随之，德国最著名的唱片公司与他签订了独家发行合约。后来，麦特·海默维茨又多次获奖，成为音乐界举足轻重的人物。

就在麦特·海默维茨名声大噪、被众人吹捧之时，他却突然玩起了消失。四年之后，当所有人即将把他淡忘时，麦特·海默维茨却以一种全新的形象出现在观众面前。原来，他用四年的时间去哈佛大学进修了。在哈佛大学毕业时，麦特·海默维茨把贝多芬的《第二大提琴奏鸣102号》作为自己的毕业论文课题，并获得了当年哈佛大学的最佳论文奖。

可以说，麦特·海默维茨用自己的经历告诉我们，一个人要想在某一领域获得更大的成就，就要不断地进化自我，提升自己的境界与眼光。那么，如何才能提升自己呢？这就需要一个人能够主动学习、积极思考，以不断创新的思维方式来适应新的环境。

在现实生活中，我们用得最多的一个词就是"我"，然而我们最容易视而不见的也是"我"。正是由于对"我"认识不清楚，很多人不知道自己在什么地方需要改变，更不知道自己什么地方需要提升。俗话说"金无足赤，人无完人"，综观无数伟大人物，他们的成功都源于"改变"二字。

成功从改变自己开始，而一个人的改变源自于自我的积极进取。世界篮球明星詹姆斯，用自己的亲身经历，证明了改变自我的力量。

詹姆斯是一位天赋超群的篮球健将，但他的热火球队在2011年却输给了小牛队。其原因是，篮球获胜的根本在于团队，在篮球比赛中，无论一个人的天赋有多高，都需要把自己依托于一个集体之中。然而，在以詹姆斯和韦德为领袖的热火团队中，这种规则被打破了。詹姆斯和韦德并没有融入团队，他们只是在尽力地展现超凡的自我，所以，他们的球队输给了团队合作得非常好的小牛队。

在小牛团队中，虽然没有一个人的技能能够超过詹姆斯和韦德，但他们靠着整个团队的合力，使小牛队站在了领奖台上。可以说，也正是这次出乎意料的失败，让詹姆斯及他的团队意识到：只有精密合作，才能够获得成功。

明白了这一道理之后，詹姆斯逐渐变成了一个更成熟、更伟大的团队领袖，当一年之后回想起当时的总决赛，詹姆斯后悔地说道："去年的我太不成熟，我总是在试图证明自己，而今年，我只想让自己变得更好，成为一名更好的球员，成为一个更好的人。"

可以说，也正是詹姆斯的蜕变，使他对人生、对胜利、对团队、对领袖有了新的看法。到了第二年，这位卓越的领袖再次带领团队站在总决赛的舞台上时，每一个队员都不遗余力地与团队里的其他队员合作，使自己的团队成为最好、最完备、最具有整体性的球队，并最终获得胜利。

当热火团队夺冠后，记者问詹姆斯："与一年前相比，你究竟改变了什么？"詹姆斯感触颇深地说："我学到的最重要的事情就是，你不能控制别人说什么，你不能控制别人如何评价你，你唯一能够做的就是对你周围的人真诚。"而且，在自我改变、调整的过程中，詹姆斯真正明白，当一个人倾其所有、全身心地把自己投入到某一件事情中时，他将会获得更大的回报。

　　有句俗话说"当一天和尚撞一天钟"，其实这是一种安于现状的消极思想，而一个善于改变的、积极进取的人，他"当和尚"的目的不仅仅是为了"撞钟"，而是为了更好地修身悟道，提升自己。这就需要不断地完善自我，进化自己。

　　当今，正值一个倡导终身学习的时代。如果一个人不善于学习，不能够去除旧思想，接受新思想，那他将会无法适应这个瞬息万变的社会，并最终被淘汰。因此，完善自我、进化自我，才是让自己永远不被"取代"的最有效方法。

你的精力如何最大化

"为什么每天都有永远做不完的事情？"这几乎是每个人经常抱怨的问题。究竟什么事情，占据了我们的时间？关于这一点，世界著名管理学家科维提出了时间管理理论。在这一理论中，科维根据事情紧急、重要的程度，把它们划分为四个不同的"象限"，其分别为：紧急又重要的事情，重要但不紧急的事情，紧急但不重要的事情，既不紧急也不重要的事情。

著名物理学家爱因斯坦说："人与人最大的区别，就在于怎么利用时间。"对于大部分人来说，90%的时间都用在混日子上，他们总是为吃饭而吃饭，为工作而工作，为搭车而搭车。时间一天天过去，他们好像做了很多事情，但几乎很少有哪些事情，有助于他人生目标的完成。

意大利经济学家、社会学家帕累托曾经提出过著名的帕累托原则，又称为"二八定律"，在这一定律中帕累托指出，在任何一组事物中，都存在一种微妙的二八现象。比如，在企业经营中，通常一个企业80%的利润，来自于20%的项目；在财富分配上，通常是20%的人占有80%的财富，而剩余80%的人只占有20%的财富；在心理学上，通常是20%的人身上集中了人类80%的智慧，而剩余80%的人身上只有20%的智慧；在日常生活中，常常20%的人成功，80%的人不成功；20%的人做事业，80%的人做事情。

同样，这个普遍存在的"二八"现象，也适用于一个人对时间对精力的分配。当你把每天生活中所做的事情罗列起来，将会发现其中80%的事情是可有可无的，只有20%的事情是非常有价值的。如果把"二八"现象与时间管理结合起来，将得出这样的结论：一个人将有限的精力最大化的最好方法就是，要善于抓住主要矛盾。只有这样，才能够以最少的投入换得最多的产出；以最小的努力获得最大的成就。所以，一个人只有将自己的精力放在最主要的事情上，他的人生才能够获得巨大的成功。

美国企业家威廉·穆尔就深谙此道，在他为格利登公司销售油漆时，他第一个月仅挣了160美元。后来，穆尔仔细研究了犹太人经商的二八定律，并通过分析自己的销售图表，他发现了这一规律，他80%的收益的确是来自20%的客户。既然这个规律是正确的，他就开始分析自己失败的原因。

原来，他对所有的客户都花了同样的时间。于是，他把最不活跃的客户重新分派给其他销售员，集中精力把自己的时间运用到最有希望的客户上，结果非常明显，那个月他的收入竟达到了1000美元，根据这一法则，穆尔在九年时间内，成为凯利穆尔油漆公司的主席。

威廉·穆尔用自己的经历告诉我们，做事情要抓住事物的本质，要有所为，有所不为。反之，如果一个人总是被琐碎的事情拖累，他的前程将会被毁掉。也就是说，成功的关键在于，把主要精力放在重要的事情上面，要想成功，就要遵循"要事第一"的原则。

在美国有句名言说："世界的钱，装在美国人的口袋里；而美国人的钱，装在犹太人的口袋里。"为什么这样说？其原因就在于，犹太商人始终都在坚持"二八定律"，他们总是把80%的精力，用在对20%优质客户的维护上。

要想同他们一样成功，我们应该如何做，才能使精力最大化呢？这就需要我们掌握现实型思维。现实型思维，要求我们要把握当下，抓住事情的主要矛盾，全力出击，将主要精力用于解决主要矛盾，其具体步骤可以参照以下三点：

首先，你要保持你的焦点，一次只能做一件事。 现在来看看你的工作计划表，看看哪些才是对你最有价值的事情，你的付出和你的获得是否成正比，哪些是高价值的，哪些事情阻碍你的前进和发展，然后你要学会抓住重点，远离那些琐碎的事务，把主要精力用到最见成效的事情上。

其次，你要像清除衣橱中过时的衣服那样，毫不客气地把骗走你宝贵时间的低价值活动丢掉。 不管在别人眼中它们是多么的重要和紧急，对于你来说，只要是低价值的，你都要告诉自己，那是浪费时间的事情，不值得你去做。

再次，对于你觉得具有高回报的事情，立刻去做。 许多人习惯于花费很多的时间来酝酿工作状态，却不知道这样是在浪费时间，你要学会限制自己的时间，不要被无聊的事和无聊的人缠住，这样可以节约出很多时间。最简单的例子，乘车、吃饭、购物等都可以选择在人少的时候进行。

总之，那些在事业上获得巨大成功的人，都是善于管理时间的人，他们都拥有现实型思维，并在处理日常问题时，很好地运用了现实型思维模式。因此，他们懂得把自己80%的精力，用在20%重要的事情上。所以，他们能够获得别人意想不到的成功。

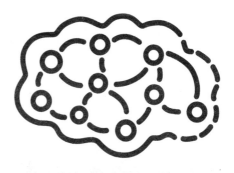

第十六章

玩转商业思维，赚钱其实很简单

在这样一个商业化时代，如果你想成为英雄，很多时候就意味着你要成为商业社会中的一个弄潮儿。你需要拥有与众不同的商业思维，只有这样，你才有希望在商业社会屡战屡胜，实现财务自由也不再是一个遥远的梦。

变革你的商业思维

人与动物最大的区别在哪里？很简单——在于头脑。人人都有头脑，但并不意味着人人都擅长思维。如今的社会是一个商业社会，所谓的英雄也以商业英雄最为风光。在这样一个商业化时代，如果你想成为英雄，很多时候就意味着你要成为商业社会中的一个弄潮儿。如果你只是站在岸上观望，并不意味着你能成为英雄，你需要拥有与众不同的商业思维，只有这样，你才有希望在商业社会屡战屡胜。

目前，各种各样的商业思维都被人运用得俗套了，如果你也总是从众跟风，那你势必跟在别人屁股后面，或许你可以凭着自己的快速复制和低廉成本获得一时温饱，但你注定无法成为商业时代的英雄！充其量只是一个跟在英雄背后捡拾骨头的小喽啰，真正的商业英雄，都拥有自己独特的思维——变异性思维。它最大的特点就是当大家一窝蜂踏上独木桥时，我却能够开辟一条通往成功的阳关大道。在通往成功的路上，你需要十分擅长以这种新观点、新角度、新方式来处理问题。

从日常运用的角度来说，变异性思维不仅被用于工作生活的各个方面，更常常被运用于商业经营中。比如，我们去商场购物，销售人员总是费尽口舌地给我们介绍说："太太，这是我们厂家推出的最新款洗衣机，不仅省电、节水，而且具有超强的除菌技术。""先生，这是刚刚上市的刮胡刀……"总之，他们总是在竭力介绍产品的优点，采取一种"优点式"营销。那么，能不能换一种思维方式，以产品的"缺点"来博得客户的青睐呢？美国著名企业家波西奈就做了大胆的尝试，并获得了意想不到的效果。

有一段时间，美国义士隆公司的发展遇到了困境，令董事长波西奈心烦不已。为了排解郁闷情绪，他一个人去郊外散心。路途中，波西奈看见几个孩子在路边玩得兴致盎然，就悄悄地凑上去看热闹。走近一看，原来他们正在摆弄一只又脏又丑的昆虫。此时，波西奈在内心思考道："与商场中漂亮的玩具相比，难道孩子们对这些不美的东西更感兴趣？如果能够制造一种'丑陋的玩具'，岂不是更吸引他们？"正是在这种变异性思维的推动下，波西奈马上召集公司的设计人员讨论这个创意，并最终设计出一套前所未有的"丑陋玩具"。这些与众不同的玩具一经上市，一路走俏，轰动了整个玩具市场。它不但深受孩子们的喜爱，甚至成为很多成年人的"玩具宠物"，从而让艾士隆公司出乎意料地发了一笔横财。

从消费者心理学的角度分析，这些"丑陋玩具"之所以能够使艾士隆公司财源滚滚，是因为董事长波西奈抓住了消费者的两种心理，即追求新鲜心理与求异心理！如果我们对波西奈的这种思维方式给予准确定义，则可称之为变异性思维，即当某一路径以常规方式无法抵达时，及时脱轨、换轨，便成为突破问题的关键。

如果用一种通俗的语言来解释，变异性思维是一种大脑灵活的表现，其本质属于思维热点的扩散与转移。尤其在生意场中，运用变异性思维是一种超低成本的投入，经营者只需把思维方式稍做偏移，便可以达到意想不到的营销效果。

在美国，有一种名为"汉斯"的番茄酱，由于其味道比其他番茄酱浓烈，所以深受消费者的欢迎。然而，"汉斯"番茄酱在刚刚推入市场时，消费者买回家食用，往瓶子外倒酱汁的时候，由于酱汁的流动速度太慢，被众多消费者抱怨其"倾倒时间太长"，但其他同类产品却没有"汉斯"的这种毛病，导致"汉斯"番茄酱严重滞销。

面对这种问题，公司的高层管理者考虑，究竟是要改变番茄酱的配方，降低它的浓度，还是改变包装，使其更容易倒出？经过一段时间的苦思冥想，高层管理者想到了一个出奇制胜的解决方案。这种方法既不需要"汉斯"降低浓度，也不需要它改变包装，只需要改变"汉斯"广告的宣传重点。

为了让更多的消费者接受并喜欢上"汉斯"番茄酱，"汉斯"厂家在广告宣传中明确指出："汉斯"番茄酱之所以流动慢，是因为它比其他品牌的番茄酱浓度高，同时它的味道也比其他的番茄酱要好得多。同时，在广告中，把"汉斯"番茄酱定位成"流动最慢的番茄酱"，从而突出了"汉斯"的与众不同。

当广告播出之后，消费者不再抱怨"汉斯"番茄酱的流动速度慢，反而把"流动慢"作为"汉斯"独有的优点。很快，"汉斯"番茄酱的市场占有率从原来的 19% 上升到了 50%。

如果以通常的思维方式来看，产品的缺点会导致消费者流失。然而"汉斯"却能够因势利导，把产品的缺点放大，指出人们口中所说的缺点并不是缺点，而是优点。在这件事情上，汉斯不但把自己的缺点巧妙地转化为了优点，而且不带有任何牵强附会的痕迹，这的确是一种解决问题的完美方法。

做生意靠的是什么？当然是智慧和思维。在商业活动中，我们常常会遇到这样或那样的问题，有的问题可以用通常的思维方式解决。然而，很多时候常规思维并不能解决"特殊问题"。这个时候，我们就需要跳出单向思维的路径，以一种超乎寻常的方式来解决问题，学会运用这种变异性思维，这样你也可以成为商业英雄。

做一个善于发现机遇的"机会主义者"

经常有人感叹："为什么成功者比我们普通人更幸运？他们总有机会让自己成为富人！"其实，成功者与我们普通人最大的区别在于：当大部分人还没有看到商机时，他已经看懂了；当有人开始努力时，他已经成功了。归根结底，成功者总是善于捕捉商机，让自己做到抢先一步，领先一步。

在竞争日益激烈的生意场上，虽然创造财富不是一件容易的事，但很多思维敏捷的企业家，却利用自己敏锐的洞察力，总能够发现新的商业机会。他们之所以能够获得成功，是因为他们是善于发现机遇的"机会主义者"，而且他们始终坚信，一个真正卓越的企业家，不是赶时髦，而是善于"钻空子"，把目光放在那些不被众人关注的"小事情"上。

在美国某个城市，有一个风景宜人的高尔夫球场，来这里打球的人总是络绎不绝。然而，这个高尔夫球场的唯一不足就是，离湖太近，总是有球被误打到湖里。

有一位名为吉姆·瑞德的年轻人，也经常来这里打高尔夫球。有一次，吉姆·瑞德也不小心把球打到了湖中，他就潜到湖中想把球捞出来。当吉姆·瑞德纵身跳到湖里后，发现里面有数不清的球，看着这些白白待在湖底的球，吉姆·瑞德心想："如果把这些球捞出来，再卖给高尔夫球场，肯定能赚一笔！"就这样，吉姆·瑞德每天去湖中捞球，然后以新球价格的一半卖出，果真赚了一大笔。刚开始，只有吉姆·瑞德一个人捞球，这样他每天都能赚到不少钱。后来，其他人也发现了这个秘密，也跳到湖中捞球，自然吉姆·瑞德赚到的钱就越来越少。

一天，吉姆·瑞德又来到高尔夫球场，看到很多人都在湖中捞球。此时，吉姆·瑞德灵机一动："我每天辛辛苦苦地与这些人在湖中抢球，倒不如把他们捞到的球回购，然后重新刷漆，当新球出售！"当吉姆·瑞德确定了自己的想法之后，他说干就干，立刻在当地的报纸上刊登了一则高价回收高尔夫球的广告。由于吉姆·瑞德回收高尔夫球的价格比高尔夫球场的高，那些打捞球的人都愿意把球卖给他。当吉姆·瑞德把这些回收的球翻新处理之后，再以比新球稍低的价格出售，他又赚了一把。

就这样，当很多人乐此不倦地在湖中捞球时，吉姆·瑞德已经抓住商机，注册了自己的高尔夫球回收公司。也许，在很多人看来，这是一桩很不起眼的生意，然而当时吉姆·瑞德的年盈利已超过了800万美元。

究竟何为商机？商机即具有商业价值的契机。商机并不是什么神秘的东西，它存在于生活的各个角落。比如有人在创业的荆棘途中发现商机，有人在对现状的不满中发现商机，有人在愿望中发现商机，有人在他人的抱怨声中发现商机，甚至有人在灾难或不幸中发现商机。总之，那些让人大发横财的商机，往往存在于那些看似平淡的事物之中。只要一个人掌握了发现商机的思维模式，就能够成功地把握商机。

关于商机，有一位经济学家说："只要有事情发生，就会有商机存在。"其意思是说，商机无处不在，每一件事情的发生，都潜藏着一种不为人知的商业机会，关键就看你能不能发现这种机会。

有没有听过一个人因挨打而发财致富的故事？如果你认为我说的是天方夜谭，我不禁要告诉你，这件事是真实的，并且就发生在英国大名鼎鼎的车手商人伯尼·埃克莱斯顿身上。

一天晚上，在伯尼·埃克莱斯顿下班回家途中，他被四名歹徒袭击。歹徒不仅抢走了他的钱包和瑞士名表，而且还对他拳打脚踢，导致他面部受伤。

当受伤的伯尼·埃克莱斯顿被送到医院后，医生按照惯例为他受伤的脸部拍了一张特写，照片中的伯尼·埃克莱斯顿面部青肿，尤其是眼睛，被打成了名副其实的"熊猫眼"。

一周之后，伯尼·埃克莱斯顿伤口痊愈出院。这时，虽然他的伤口已没有大碍，但他仍然在为那块丢失的瑞士表耿耿于怀。要知道，他的那块表并不是一块普通的表，而是他为了纪念西班牙著名车手阿隆索的一次胜利，专门为自己定制的，其价值 20 万英镑。

当伯尼·埃克莱斯顿为这块具有纪念意义的瑞士表心痛不已时，他脑海中突然冒出了一个主意。他首先联系到那块瑞士表的总部，详细告诉了对方自己被打的经过，并把被打的照片邮寄到瑞士表公司。在照片的背面，伯尼·埃克莱斯顿这样写道："看看这些人干的好事，只为了抢走一块表！"并且，伯尼·埃克莱斯顿建议用这张照片来为瑞士表做广告。

当手表制造商看到伯尼·埃克莱斯顿的照片，以及照片背后那句极具创意的广告词时，被他"英国式的幽默"折服。很快，伯尼·埃克莱斯顿那张被打成"熊猫眼"的照片成为瑞士手表经典的广告宣传图，并广为传播。就这样，仅凭一张被打的照片，伯尼·埃克莱斯顿不仅挽回了丢失手表的损失，而且还赚到了一笔数目可观的广告费。

一次意外的挨打，竟然换来发财致富的商机。这让局外人看来，无非是"天方夜谭"。实际上，其中却蕴藏了伯尼·埃克莱斯顿发现商机并积极捕捉商机的智慧。对于这次"因祸得福"的经历，伯尼·埃克莱斯顿深有感触地说："商机无处不在，它不仅出现在看起来美好的事物之中，而且更多地存在于不幸或灾难之中。"

机会无处不在，无时不有，但它有一个特点，就是稍纵即逝。所以，一个人要想捕捉商机，就一定要具有眼观六路、耳听八方的素质，不仅要看得准，更要抓得住。反之，如果一个人缺少发现的眼光、对商机反应迟钝，就会使无数有价值的商机从眼皮底下悄悄溜走。

总之，成功者与失败者的最大区别就在于，是否具备一双善于发现商机的慧眼和一颗善于思考的心。那么，如何让自己具备善于发现商机的成功者的素质呢？首先，它要求一个人要善于"充电"，在充电的过程中提升自我情商，学会用商人的思维来考虑事情；其次，要培养洞察力，学会从那些冷门的行业或从他人的抱怨、不满等消极情绪中，发现别人看不到的商机；另外，要想抓住商机，除善于发现外，更要做一个随时准备奔跑的"行动者"，保证你的思想及行为始终领先于他人。

如何把商机转化为创意

如今，创意在商界是一个极其时髦的词。

何为创意？针对这一点，乔布斯曾经在接受《连线》杂志采访时说："所谓创意，就是把东西连接起来。"另外，乔布斯还说，当你问创意人员是如何做成一件事情的时，他们的内心会有一种罪过感，因为他们感觉自己并没有真正去做什么，而只是看到了什么。比如，当一个具有创意思维的人看到某一件物品时，他会不由自主地把这件东西与自己曾经的经验连接起来，从而制造出一件新的东西。这些人能够在原有事物的基础上创造出新的东西，是因为他们具有比他人更丰富的经验，而且善于对自己的经验进行回顾总结。

那么，在一个企业中，我们如何才能够有效地把创意转化为商机及财富呢？关于这一点，现代管理之父彼得·德鲁克说："创意是否能创造价值，是以市场为导向，落实到结果，要看是否能为社会带来更多财富，是否能为特定群体带来精神上或物质上的满足感。"如果用通俗的话来说，那就是创意者的创意思维要与目标人群产生共鸣，并能够达到共赢的效果，只有这样，才能够使创意本身产生价值。

比尔·盖茨是盘踞富豪榜世界首富宝座时间最长的富豪。那么，他是如何让自己成为世界首富的呢？方法只有一个，那就是让自己成为极具创意的人。

在工作中，比尔·盖茨很少把时间用在公司杂务的处理上，而是尽可能把精力花费在思考创意上。比如，比尔·盖茨每年都会去华盛顿的 Hood Canal 待上一段时间，认真思考微软公司下一步的发展计划以及产品方面的突破创新。在这期间，微软的每一个员工都可以向比尔·盖茨提交有关新产品或者新服务的建议书。当比尔·盖茨发现某个人的提议具有创新性时，他会立马回到微软总部，然后针对这一创意进行新产品或新服务的研发。

可以说，正是比尔·盖茨这种坚持创新的工作习惯，使微软公司始终处于行业的领先地位。即便取得了现今让人震惊的业绩，他依然坚持自己的"创意"作风，使微软公司始终保持着推陈出新的企业活力。

目前，很多领域都非常重视创意，并把创意运用到企业的产品及服务之中。那么，这些具有创意的想法要从哪里产生呢？广告大师詹姆斯·韦伯·扬曾经说过："创意的过程，绝对和制造福特汽车一样。"也就是说，创意的产生需要遵循一定的步骤，在创意产生的过程中，第一步就是收集原始资料，并把这些素材作为创意的源泉。从这个角度来说，创意并不是凭空想象出来的，而是在一定核心价值与文化内涵的基础上，对原来素材进行重新加工组合而成的。

关于创意，美国作家约翰·斯坦贝克说："创意就像兔子，假如你手头有一对兔子，如果你学会对它们细心呵护，很快你就会养出一窝来！"这句话告诉我们，一个人只有善待创意，并把创意转化成生产力，才能够产生价值。所以说，一个企业不仅要具有创意精神，更要具有超强的落实能力，能把创意融入企业的产品与服务之中。

创意经济是一种极具竞争力的经济。如果一个人具有一定的创造力，那他将是一个具有竞争力的人才。那么，究竟什么样的人具有创意特质呢？可以说，这是无数心理学家们一直在研究的课题。针对这一课题，哈佛大学的研究人员用了 6 年时间，访谈了 300 多名企业高管，最终发现那些具有创意素质的企业家，均具备以下五种"发现技能"：

一、**联想技能**。如果你认真观察则会发现，有创意的企业家都善于把那些看起来不相干的事物或点子连接起来，然后从中挖掘出新的方向，并最终找到适合自己企业的创意。比如，苹果公司的联合创办人乔布斯对书法非常感兴趣，从而促使苹果公司创建了以图形为基础的使用方便的 Macs 操作系统。可以说，乔布斯正是把书法与计算机这两个不相干的事物连接起来，才为苹果电脑构思出了最具视觉化的操作系统。关于这一点，乔布斯曾经感叹说："如果我没有退学，也许我永远都不会想到去学书法。"

二、**观察技能**。从某种程度上来说，很多具有创新能力的企业家，往往是思维缜密的观察家。比如，当财捷集团的创始人斯库克谈论到 Quicken 会计软件系统时，他说自己的灵感来源于他的太太。当时，斯库克的太太正在用电脑理财，并遇到了各种不便。为了减少理财中的麻烦，他的太太购买了一些理财软件，但大都没有效果。斯库克经过对他太太理财行为的观察，后来制作了一款能够帮助他太太理财的快捷理财软件，再后来，斯库克又通过对苹果电脑的了解，创造出了具有上网功能的家庭与个人财务管理软件 Quicken。

三、实验技能。喜欢网上购物的人，几乎都知道亚马逊购物商城。亚马逊的创始人杰夫·贝佐斯最擅长的工作就是做实验，当遇到问题时，他会不断尝试新的解决办法。据说，杰夫·贝佐斯童年的大部分时间都是在祖父的农场中度过的。当农场的机器出现故障时，祖父不是找维修工来帮忙，而是自己尝试着来修理机器，直到机器重新开始工作。当农场中的动物们生病时，杰夫·贝佐斯的祖父也不会请兽医，而是自己想办法给动物们治病。

受祖父的影响，杰夫·贝佐斯在面临困境时，总是自己想办法解决。可以说，正是杰夫·贝佐斯这种勇于挑战的精神，成就了他的亚马逊购物商城。在亚马逊购物商城成立之初，杰夫·贝佐斯的想法是，在无库存的情况下通过互联网来销售图书。就这样，在无数次的尝试中，杰夫·贝佐斯终于成功地建立了亚马逊购物商城与众不同的经营模式。

四、怀疑技能。一个人要想了解一门科学，首先要具有怀疑精神。同样，在企业不断发展、创新的过程中，企业经营者也需要具有一种怀疑技能，能够用怀疑的眼光来看问题，并用新的方法来解决问题。这正如戴尔公司创始人迈克尔·戴尔所说的："面对周遭的环境，我总是想办法提出疑问，从与他人谈话中找到新的构想。"

五、建立人脉。每当提及"人脉"二字，人们首先联想到的就是社交。然而，在创意领域，人脉的建立却有着新的定义，即创新者要有意识地去接触那些与自己观点不同的人，并与他们沟通，从而扩展自己的知识范围。另外需要强调的是，在与他人交流的过程中，创意者并不看重谁对谁错，他们更看重的是他人与自己不同的新的想法与观点。

寻找不为人知的惊喜

"以市场热点为向导。"这是绝大多数商人都在默默遵守的商业经营理念。然而，也正是这一理念，误导了很多人，他们的盲目追随使自己的商业道路越走越窄。而一个真正嗅觉敏锐的人，绝不会以他人为向导，而善于在未知的领域中发现新的商机，从中寻找不为人知的惊喜。

著名经济学家阿哈曼·哈默说："生意场上，机会稍纵即逝，只有善于捕捉时机、果断决策的人，才能成为生意场上的常胜将军。"一家企业，只有真正准确地把握了市场经济规律，才能够发现别人还没发现的商机，只有真正抓住了商机，才能够成为商界沽力永驻的"常青树"。

经济学家阿哈曼·哈默，不仅在经济学的研究上见解独特新颖，而且总结出了最为经典的哈默定律。同时，他还是一名了不起的企业家，创建了自己的石油帝国。阿哈曼·哈默出生于纽约，他在读大学期间掌管着父亲的一家药厂，通过他的经营，药厂变得越来越好，他也因此成为当时美国唯一一位大学生百万富翁。后来，阿哈曼·哈默与苏联建立了贸易关系，并从中获得了可观的利益。

1924年列宁逝世，对哈默与苏联的贸易合作产生了严重的负面影响，他不得不考虑是否还要继续保持这种贸易。也正是在这个时候，哈默走进一家商店，准备买一支铅笔，销售员给他拿的是一支产自德国的铅笔。在当时的美国，买这支铅笔只需要两三美分，而在苏联却需要26美分，也正是在这一瞬间，哈默从铅笔联想到了一笔价值100万美元的生意。随后，他立马找到负责苏联教育工作的克拉辛，急切地问道："你们政府是不是已经制定了要求每个苏联公民都要学会读书写字的新政策？"克拉辛回答："是的。"当这一消息被确认无误后，哈默对克拉辛说："如果这样的话，我也想为这一新的政策出力，希望你能够批准我获得生产铅笔的执照！"要知道，要是哈默获批，这可是一笔价值100万美元的生意。

最终，通过哈默的努力，一笔100万美元的生意轻松搞定，而当时的哈默却根本不懂得铅笔的生产技术。很快，哈默从美、英等国家高薪聘请了制造铅笔的技术人员，接着在莫斯科选址、建厂、投入生产，最后，哈默建造的铅笔厂成为全世界最大的铅笔制造工厂。

关于商机，犹太人有句经典的名言：没有卖不出去的豆子。聪明的犹太人认为，如果一个人没有把豆子卖出去，他可以把豆子放到水中，让豆子发芽。几天之后，卖豆子的人可以改卖豆芽；如果豆芽也没有卖出去，可以让它继续长大，等长成豆苗后，改为卖豆苗；如果豆苗还是卖不出去，可以让它再长大一些，然后移植到花盆里，把它当盆景来卖；如果盆景还是卖不出去，干脆直接把它移植到泥土中，几个月之后，这些豆苗就会结出许多新的豆子。经过不停地变化，一颗豆子变成数百粒豆子，这难道不是更大的收获吗？

犹太人正是靠着这种锲而不舍、善于改变的精神来发财致富的。在面对同一个问题时，也许其他人认为无路可走，而犹太人却能够从不同的角度发现机遇。这正如钢铁大王卡耐基所说："机会是自己努力创造出来的，任何人都有机会，只是有些人不善于创造机会罢了。"如果我们认真研究一下世界著名企业的经营者，则不难发现他们都是善于发现商机的人。

被称为"联邦之父"的弗雷德·史密斯，他认为运输业的不发达，严重影响了整个商业的发展。于是，在他的脑海中产生了一个奇妙的想法："为何不自己创建一家运输公司，为顾客提供'次日送达'的便捷服务呢？"正是这种非常规的思维方式，促使他在27岁时创办了"联邦快递"。目前，联邦快递的服务范围遍及全球220多个国家和地区，是全世界最大最具影响力的快递运输企业。

同样，牛仔裤的发明者李维·施特劳斯，也是一个善于发现商机的人。19世纪50年代，美国西部出现了一股"淘金热"。年轻的李维·施特劳斯经不起"淘金梦"的诱惑，也加入了淘金者的队伍。

然而，当他来到旧金山之后，李维·施特劳斯发现淘金者多如蚂蚁，就算真的发现了金矿，每个人能够分得的金子也屈指可数。正当李维·施特劳斯的"淘金梦"破灭之际，他意外发现采矿工人们都是跪在地上工作的，因此，他们裤子的膝盖部位非常容易破损。于是，他灵机一动，决定把矿区中废弃的帆布帐篷搜集起来，把它们洗干净之后，加工成耐磨的工作裤。就这样，"牛仔裤"诞生了，很快风靡世界，并流行至今。

在商业大潮中，商机无处不在，一个人能不能在竞争激烈的商海中脱颖而出，就要看他是否具有一双善于发现的慧眼。综观每一个在商界创造传奇的精英，他们不但具有比猎犬还要灵敏的嗅觉，能够嗅到"金子"的气味，同时他们还具有比鹰隼更为锋利的爪子，能够以最快的速度攫取属于自己的财富。

在现实生活中，经常会听到有人这样抱怨："为什么上天从来不赐予我成功的机会？"其实，机会无处不在，它每天都围绕在我们身边，只是我们习惯于把更多的精力用在抱怨人生、抱怨命运之上，从来没有对垂青自己的机会正眼相看。而那些善于发现机遇的人，却能够从众人熟视无睹的地方发现新的商机，在别人还在愣神、怀疑时，他早已领先一步，寻找到不为人知的惊喜，并打造出属于自己的商业帝国。

阴差阳错的成功

在各行各业中，我们总能听到一些并非故意为之的成功故事。如果根据一个人成就的大小，把所有人汇聚成一座金字塔的话，你会发现，越是站在塔尖位置的成功者，他们"误打误撞"成功的概率就越高。

为何会发生这种现象呢？这是因为，一个人究竟会在哪个领域中有所建树，并不是在年轻的时候就能够判断清楚的。在这个世界上，我们经常会发现很多在某一领域做出杰出成就的人，他们当初所选择的并不是现在这条成功的道路，甚至他当初的选择与现在的成功是背道而驰的。经济学家莫迪利阿尼就是这样一个典型的例子。

莫迪利阿尼出生于医学世家，在他13岁那年，他的父亲就去世了。当他17岁考大学时，不知道自己该选什么专业，周围的亲戚们希望他能够继承父亲的事业学习医学。莫迪利阿尼感觉自己也没什么特别的爱好，就同意选择医学，并下了决心要攻读医学。

可当他走向注册的窗口，就要签下医科申请表时，他的脑海中出现了这样的场景：自己正面对着血淋淋的场面，而且自己的一生都将面对这样的场景，于是他放弃了，他选择了当时最为流行的法学。然而，这也并不顺利，莫迪利阿尼入学以后，对自己每天都必须面对法律术语的生活感到厌恶至极，因此他常常逃课。

一个偶然的机会，他路过正在上课的经济学院教室门口，听到了一位年轻经济学家正在讲课，于是他就进去听了一会儿，顿时觉得趣味盎然。就这样，他对经济学产生了巨大的兴趣，并去图书馆找来了一些流行的经济学书籍阅读，之后也经常去经济学院旁听。

后来，他朋友委托他翻译一些金融方面的书籍，为了把这些德文翻译成意大利文，他开始查阅大量的经济学资料，这使他的视野大开。凑巧的是，这时候意大利有一项专门为大学生举行的论文竞赛，莫迪利阿尼毫不犹豫地参加了投稿。当他的文章获得了第一名之后，大家都认为他具有经济学方面的特殊能力。这时，年轻的莫迪利阿尼才真正踏上了研究经济学的道路。

在往后的日子，莫迪利阿尼在企业金融、资本市场、宏观经济学以及计量学等方面，都做出了卓越的贡献，他对储蓄及金融方面的开创性分析，使他获得了 1985 年的诺贝尔经济学奖。

我们不得不承认，莫迪利阿尼在经济学中获得的成就是一个阴差阳错的成功。当初他在医学、法学中辗转选择，但都没有什么建树，反而是一次不经意的旁听，意外地成就了他伟大的事业。为什么很多人在某一领域中上下求索而不得，而莫迪利阿尼却能够靠着"误打误撞"的幸运走向成功的"顶峰"？

对于这种"阴差阳错的成功"现象，心理学家有着各种各样的解释，其中流传最广泛的解释就是：那些能够在某一领域取得意外成功的人士，大都属于脚踏实地的人，他们并不是把更多的精力用在好高骛远之上，而是把全部的精力都花费在努力做好当下的事情上。

在现实生活中，我们经常遇到一些人，他们在刚刚涉足某一领域时，就为自己制定了宏伟而美好的理想蓝图，并为这一蓝图的实现制订了周密的计划。然而，在执行计划的过程中，一旦遇到困难、挫折，他们就开始垂头丧气，甚至怀疑当初的设想、规划是错误的，并最终放弃当初的梦想。也正是由于这种原因，我们常常会发现，越是那些好高骛远的人，越不容易成功。反而，那些没有"远大理想"的人，却常常能够获得意想不到的成功。所以，从某种程度上来说，很多伟大人物"阴差阳错"的成功，都归功于他们"立足当下"的思维方式。

在英国有一档名为《英国达人》的选秀节目，其节目宗旨是发现英国下一个最具天赋的表演者。《英国达人》节目的开设，为英国挖掘了很多有表演天赋的人才，其中被观众称为"苏珊大妈"的苏珊·波伊尔，就是通过《英国达人》一炮走红的。

有一年，来自苏格兰中南部某小镇的苏珊·波伊尔参加了名为《英国达人》的选秀节目。当这位貌不惊人、穿着寒酸的47岁老大妈在选秀台上亮相时，评委西蒙·克威尔漫不经心地问这位既老又没有明星相的女人："你的梦想是什么？"苏珊·波伊尔虔诚地说："我的梦想就是做一名专业歌手，能够成为像伊莲·佩姬那样有名的歌星！"听到苏珊如此回答，西蒙以嘲讽的语气问道："那你为什么至今都没有实现这个梦想呢？"看到评委对自己的轻视，苏珊·波伊尔自信地回答："我一直都没有机会，但今晚我希望能够如愿！"

音乐响起，苏珊·波伊尔演唱了一曲《悲惨世界》中的《我曾有梦》。在她开口演唱的那一瞬间，在场的每一个人都被她天籁般的声音所吸引，顷刻间所有的鄙夷和轻视都转化为震撼与倾慕。一夜间，"苏珊大妈"红了，成为媒体关注的焦点，收看此节目的人数远远超过了观看美国总统奥巴马就职典礼的人数。

在这个世界上，绝大多数人都习惯于"以貌取人"。然而，看似与成功毫无瓜葛的"苏珊大妈"却以一颗执着的心，获得了"意料之外"的成功。当有人问及她对自己成功的看法时，苏珊·波伊尔说道："我早就预料到众人会对我的外表有所鄙视，但我决定让他们对我刮目相看。在参加《英国达人》节目之前，我一直没有机会来证明自己，但我永远没有放弃自己心中的梦想，而是一步一个脚印地不断努力。我相信，只要我每天坚持，终究会成功的。"

也许，在很多人看来，某些人的成功在"意料之外"，但当我们对这个人的所作所为了解之后，又感觉他的成功在"意料之中"。对于每一个有着"意外成功"的人来说，他们之所以能够把"意料之外"的不可能变成"意料之中"的可能，是因为他们始终在默默地坚持自己的梦想，并用行动来一步步靠近梦想。而那些总是以"不可能"为借口的人，他们之所以与成功无缘，是因为他早已被理想"绑架"。虽然他们每天都高喊理想的口号，但他们所做的事情却与理想无关，甚至与理想相悖，这自然也就离成功越来越远。

在这个世界上，曾经有过"梦想"的人很多。然而，对于成功者来说，仅仅有梦想还不够，更需要耐得住寂寞、忍得住煎熬，哪怕世界上所有的人都不看好你，你也一定要让自己坚持到底。总之，成功的秘诀不是高调地呐喊，而是低调地行动。

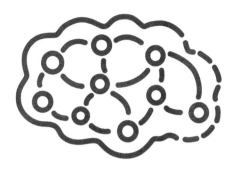

第十七章

少就是多——精简思维让你专注做自己

罗马哲学家西加尼曾一针见血地说："在河流中，没有人能背着行李游到对岸。"无论做人还是做企业，都需要精简思维。少就是多，专注是为了更好地生存。

减法思维

有这样一道趣味数学题：在什么情况下，4 减 4 等于 8？

答案是：四方形方桌砍掉 4 个角，就得到了 8 个角。

这就是减法思维，在减法思维中，因为减少而丰富，这是减法思维的要义。

在心理学的范畴中，我们也经常会听到"减法思维"这一心理学概念。此思维方式认为，1-1>1，而且减法可以让我们更容易成功。如果用一句话来概括减法思维的精髓，即在扬弃中获得更大的利益。针对这种"以减为贵"的现象，罗马哲学家西加尼曾一针见血地说："在河流中，没有人能背着行李游到对岸。"

如果我问你："每天开车出门，你都携带什么东西？"几乎每个人都会肯定地回答："我从来不带多余的物件，只带手机、工作包等必需物品！"果真如此吗？当打开你私家车的储物箱就会发现，里面有钢笔、零钱、购物小票、地图、明信片、雨伞……其中的很多东西从来没有派上过用场，甚至连你自己都记不清是什么时候放进去的！

由此可见，在现实生活中，很多人都奉行"加法"或"乘法"法则。我们总是不知不觉地被各种各样的琐事和小烦恼给纠缠住。我们每个人都希望自己拥有的财富越来越多，权力越来越大，地位越来越高。尤其是企业管理者，都习惯于用"加法"法则来经营企业。当企业发展到一定规模时，便开始想着如何扩大产品的种类，把公司经营成涉足多个领域的"多元化"企业。我们经常听到很多企业家说："不要把所有的鸡蛋放在同一个篮子里。"这便是他们对自己"多元化"经营理念的诠释。然而，事实证明，很多著名企业都曾经因为过度扩展经营范围，导致企业的资金流过于分散，甚至濒临倒闭，最终阻滞了企业的发展。比如西尔斯、美国运通、施乐等诸多著名企业，都曾经吃过"多元化经营"的苦头。

究竟是用"加法"法则把企业"做大做全"，还是用"减法"法则把企业"做强做精"？可以说这是企业管理者在经营战略上的取舍问题。不过，一个真正优秀的企业家，更善于用"减法法则"来经营公司。

苹果公司总裁乔布斯，把减法思维这一要义运用得活灵活现。

1997 年，乔布斯重回苹果公司后，第一件事情就是做减法：董事会太糟糕，留下两位，其他的砍掉；几十个产品团队，太多时间浪费在垃圾产品上，只保留四个产品，其他的砍掉；打印机、服务器、牛顿 PDA、给兼容机授权等项目，纯属副业，全部砍掉；事情少了，人员太多，留下一流人才，其他二三流的全部砍掉，立即裁员三千多人。挥刀乱砍的效果很不错，在经历两年的巨额亏损后，苹果公司总算扭亏为盈，渡过难关。

针对企业的"多元化"经营与"专一性"经营的讨论，被誉为"现代管理之父"的彼得·德鲁克说："在正常情况下，很多企业 90% 的收入和精力，都投入到了实际上毫无效益产出的工作中！"比如美国的福特汽车公司，为了增大自己的市场占有份额，曾经不遗余力地收购沃尔沃、路虎、捷豹等汽车品牌，但最后由于经营不善，不得不把辛苦收购的品牌重新让出去。而同样在汽车行业出类拔萃的日本丰田汽车公司，他们只专注于自己品牌的汽车，最终把自己打造成了世界汽车行业的领军企业，深受消费者的青睐。

当一个人试图在用加法法则经营一家企业时，他就会把大部分的资源用在那些难以见到成效的事情上；而"减法法则"却可以让一个人更专注于某一领域，并成为本行业的"专家"。

少就是多，专注是为了更好地生存。日本著名管理学家、经济评论家大前研一先生曾经在自己的著作《专业主义》中问道："你够专业吗？"关于"专业"的概念，最为通俗的解释为——那些具有高度职业素养的可信赖的专家人士，他们在专业领域中最明显的行为特点是，具有超强的专业性、标准性、规范性，因此称之为专业。

做企业如此，做人同样也如此。如果一个人什么都能做，说明他在很多事情上都做不到位，充其量也只是应付而已。而一个真正具有"专业"素养的人，要善于以"减法"制胜，也许他无法同时做好几件事情，但他能高标准地完成一件事。换言之，只有一个人把所有不必要的事情从生活中"减掉"后，他才能专注于自己所擅长的领域，并真正做到领先于他人。

化繁为简

在美国某火箭发射基地门口，醒目地刻着这几个字："要简洁，所有的一切都要简洁！"这句话告诉我们，简洁是一种高素质的逻辑思维。当在面对一件需要解决的事情时，如果能够删除繁琐的装饰、多余的点缀，则可以让我们的思维更清晰，做事的效率更高。

世界著名建筑大师密斯·凡德罗说："少即是多，多即是少！"这句话体现的不仅是形而上的哲学，更体现了"简单"的力量。比如在研发某款新产品时，研发人员总会认为，产品的功能越多，就越能够迎合市场，也就越受消费者青睐。然而事实证明，让产品具有某一特定功能，比让产品具有全部功能更具说服力。把简单的问题复杂化，这是愚蠢者的行为；把复杂的问题简单化，这是聪慧者的举动。苹果公司创始人乔布斯，就是这样一位善于"化繁为简"的智者。

当 iMac 上市时，乔布斯决定不给它配置软驱。虽然当时软驱算是电子产品不可或缺的东西，乔布斯怕因为装了软驱，消费者产生"那种东西会被淘汰"的想法而放弃使用 iMac。如今的 MacBook Air 没有局域网接口，这是因为考虑到"可以使用无线局域网"。

苹果公司总裁乔布斯的名言："听好了，我知道你们有1000 个很棒的主意。当然我们也有。不过，我们不要这 1000个主意，那种东西太寒碜了。创新不是对一切说'YES'，而是保留最重要的功能，对其他一切说'NO'。"

现在，苹果公司的电子产品令全世界的人们为之着迷。凡是苹果产品的使用者在体验中都会发现：苹果家族中的iPhone、iPod、iPad，几乎都是千篇一律地使用中心圆键。这也是苹果家族产品中唯一能够明显看到的键，可以说这是苹果公司化繁为简的艺术。

在当今时代，消费者的需求已趋于多样化。如果一款产品总是以"加法"的思维来追求"万能"，那它终究要丧失发展的后劲。而只有善于化繁为简，才能够获得更为广阔的发展空间。苹果电子产品的使用者，之所以对苹果品牌钟爱有加，是因为他们看重的不单单是苹果产品美丽的外表，更重要的是操控起来非常简单。

化繁为简，这是苹果之父乔布斯为苹果公司的兴盛做出的最大成就。苹果团队在研发新产品时，心中想的不是把最新的技术加塞进去，而是如何拿掉那些消费者根本不需要的功能，这与其他厂商脑海中想要把所谓的最新、最高级的技术塞进产品里的"加法"大不相同。

所以，一个人在工作或思考问题时，不要总是考虑"还有什么不足之处"，而要试着想一下"能减掉什么"，这样一来，我们的思路或许就会改变。

日本松下电器也曾巧妙地运用了"化繁为简"的思维模式。

日本松下电器的熨斗事业部，是全世界熨斗生产领域的权威部门，但到20世纪80年代，电器市场饱和，电熨斗也摆脱不了滞销的命运。为了解决这一难题，松下熨斗事业部部长岩见宪，邀请了几十名不同年龄的家庭妇女，请她们指出松下熨斗的不足之处。

在讨论会上，一位妇女说："如果熨斗不需要电线也可以充电就好了。"她的这一观点，获得了众人的一致赞同。事业部部长岩见宪听到这一提议后，立刻成立了项目小组，开始研制不带电线的熨斗。

刚开始，项目小组选择用蓄电的方式来代替电线，可这样研制出来的熨斗重达 5 公斤，使用起来非常不方便。为了解决这一难题，项目组工作人员认真地观察妇女们熨衣服的过程，并把它拍成影片。经过研究分析发现，妇女们在熨衣服时并不是一直拿着熨斗不停地熨，而是经常需要把熨斗竖起来放在一边，调整好衣服后再接着熨烫。也正是这一发现，给了项目小组很大的启示，从而使他们设计出了一种蓄电槽，每当把熨斗放进槽内时，熨斗就可以自动充电，而且整个充电过程只需要短短的 8 秒钟。也就是说，在整理衣服的间隙，熨斗就已经充好电了。为了安全起见，项目组还特意在蓄电槽内安装了自动断电系统。

就这样，松下电器的无线熨斗问世了。这种熨斗一经亮相，便成为日本市场上最畅销的产品。

艺术大师达·芬奇说："简单是终极的复杂！"的确，在这个世界上，越是简单的东西，往往越具有强大的生命力。所以说，化繁为简是大脑思维的最高境界，当一个人具备了这种思维模式后，便能够以最简单的办法解决问题。

在现实生活中，人的思维方式通常有两种：一种思维方式是把复杂的问题简单化，而另一种思维方式是把简单的问题复杂化。最终的结果是，把复杂简单化的人很容易就把事情解决了，而那些把简单事情复杂化的人，却把事情搞得越来越复杂，解决的难度越来越大。

生活崇尚简单、工作崇尚简单、管理崇尚简单、创意崇尚简单，其实生活的本色就是简单。这正如思想家约翰·弥尔顿所说："学会以最简单的方式生活，不要让复杂的思想破坏生活的甜蜜。"所以，在面对各种问题时，我们要懂得化繁为简，学会用"减法思维"去想问题，只有这样，一个人才能够轻装上阵，以最快的速度到达成功的巅峰。

别跟在别人后面

你见过方形西瓜吗？

大部分人的答案都是否定的，但日本培植出了方形西瓜，并受到消费者的追捧；你吃过便便巧克力吗？大部分人都没有吃过，但有人创建了一个以厕所为主题的便所餐厅，他们提供的便便巧克力吃者无数；你认为手表的指针都应该向右旋转，但偏偏有人创造出了"左旋"式手表，并不可思议地热销。

其实，每一件新奇事物的诞生，都是人们运用另类思维的杰作，而且这种与众不同的思维方式，正是成功者必须具备的第一思维方式。所以说，每一位成功人士都是另类的思想家，他们不甘心跟在别人后面，而是喜欢另辟蹊径，为自己的人生开拓新的路径与方向。

听说过奥特加这个名字吗？他就是 ZARA 服装品牌的创始

人。目前，ZARA 是西班牙 Inditex 集团旗下的一家子公司。随着人们追求时尚的步伐越来越快，ZARA 品牌服装开始受到众多消费者的推崇。甚至有人把 ZARA 称为"时装行业的戴尔电脑"，也有人把它形容为"时装行业的斯沃琪手表"！

那么，ZARA 究竟有哪些与众不同的地方呢？其最与众不同的地方就是，在店面的选址上，ZARA 向来都是选择最繁华的地段，从来不惧怕与世界著名品牌正面交锋。比如，ZARA 纽约的店面开在第五大道，巴黎的店面开在香榭丽舍大街，上海的店面选在最繁华的南京路。据统计，当 ZARA 上海专卖店刚开张时，一天的销售额高达 80 万元，相当于中国 80 多个服装品牌当时销售额的总和。

为何 ZARA 服装如此畅销，是广告的力量吗？当然不是，因为 ZARA 一直坚持的都是"零广告"营销策略；是靠优质服务制胜吗？也不全是，在 ZARA 专卖店，我们根本看不到那些过度热情的服务人员。如果你非要搞明白 ZARA 热销的原因，我不妨告诉你，其真正的原因是，ZARA 抓住了服装业的"前导时间"，无论从服装的设计、生产、物流，还是销售，ZARA 都不愧为服装行业的"领路人"。

为了让自己成为时尚潮流的快速反应者，ZARA 的每一位店面经理都配有一部能够联网的 PDA，PDA 是 Personal Digital Assistant 的缩写，字面意思是"个人数字助理"。这种手持设备集中了计算、电话、传真和网络等多种功能。它不仅可用来管理个人信息（通讯录、计划等），更重要的是可以上网浏览，收发 e-mail，可以发传真，甚至还可以当作手机来用。尤为重要的是，这些功能都可以通过无线方式实现。运用这种现代设备，ZARA 的每位店面经理都可以随时将销售信息传递给设计师，从而减少设计师掌握潮流所需要的时间。为了能及时掌握更多的时尚元素，获得更多时尚创作的灵感，ZARA 在很多国家的大城市都安排有 Cool Hunter（酷猎手），让他们专门捕捉当下最为流行的时尚元素。当 ZARA 总部的 400 多名设计师和生产经理看到这些时尚元素后，他们每天都在讨论、研究，研究哪一款式的服装更吸引顾客的眼球。

从 ZARA 的经营理念中我们不难发现，刻意模仿某行业的领袖人物，并不是一个企业成功的法宝。而那些真正卓越的企业，他们之所以能够走在行业的前列，是因为它们的管理者具有一种与众不同的思考力与洞察力，能够提前想到别人想不到的问题，看到别人看不到的东西。

　　虽然每个人都希望自己能够做出令人瞩目的成就，然而大部分人都有盲目跟随他人的通病，因此也就很难有大成就。习惯于盲目跟随他人的人，当看到别人的想法不错，就会全盘照抄、模仿他人，也许这会减少一个人犯错误的概率，但要知道，模仿者终究无法超越前者，只能吃别人剩下的"残汤"。而一个人要想超越他人，就一定要让自己具有一种与众不同的思维方式。

　　谈及减肥，常常令无数胖子们恨之入骨。因为他们不仅为减肥花费了大量金钱，而且也耗费了他们无数的精力、时间，到最后胖子们依然还是胖子，但有一个减肥机构却门庭若市，每一个想瘦却一直瘦不下来的胖子，都向他们求救。

　　某天，一位多次减肥失败的胖子，慕名来到这家减肥机构。他试探性地问减肥教练："你能帮我成功减肥吗？"减肥教练并没有给他明确的答案，而是记下了他的姓名与住址，然后让他回家等通知。

　　第二天一大早，这个胖子家的门铃响了，一位性感、漂亮的女郎对胖子说："教练吩咐过，你如果能够追上我，我就是你的。"胖子闻听大喜，从此每天早晨都在年轻女郎的后面疯狂地追赶。

几个月之后，原来的胖子已经变得身材矫健。然而，为了追上跑在前面的女郎，他仍然每天坚持跑步，甚至早已忘了自己跑步的目的是为了减肥。

终于有一天，胖子信心满满地想："今天一定要追上她！"然而，当他再次去每天跑步的地点，却没有见到原来的漂亮女郎，反而是一个与自己原来一样肥胖的女胖子。

此时，女胖子对他说："教练吩咐了，我如果能够追上你，你就是我的！"就这样，这家减肥机构让很多胖子减肥成功。

读完这个减肥案例，你明白了什么？其实它告诉我们，成功不仅仅是努力的结果，更是创新思维的结果。当一条路走不通的时候，请试着走第二条。喜欢看足球比赛的人都知道，在比赛中常常有抢"第二落点"的说法，这是因为，在一场足球比赛中，对手总是对"第一落点"严防死守，进攻者大都无功而返。而与"第一落点"相比，对手对"第二落点"的防范就比较薄弱，这样一来你就能够较容易地抓住进球的机会，从而让自己获得更好的战绩。

踢球如此，人生更是如此。比如，当你在为某一个伟大的目标奋斗时，常常会从中派生出一些次要的机遇。此时，你倒不必让自己在激烈的厮杀与竞争中拼得你死我活，反而可以"剑走偏锋"，把精力放在毫不起眼的"第二落点"，在被众人忽视的领域中，做出一番骄人的成就。

总之，一个人要成功，就一定要具有迥异于众人的观察力和思维模式，从而让自己以一种"出奇制胜"的招式，来获得成功。

迥异于常人的思维模式，是什么样的模式？说到底就是要打破自己的思维局限，打破自己认为不应该打破的规矩，让内心那只装满"坏主意"的虫子跳出来，并尝试着去实践这些"坏主意"。不要总是说这样做是错的，这样做不符合大众，会有人反对的，这样做太另类。你的人生只有一次，当你内心有个迫切想要打破的东西时，就要勇敢地打破它，没有人可以阻挡你往前走。

第十八章

榜样的力量——他们是这样思维致富的

　　人人都渴望财富，但如果你想获得财富，首先要建立财富思维。那么，如何才能培养自己的财富思维呢？其中最为便捷的一个方式就是向榜样学习，这里列举了一些商业世界的榜样，让我们看看他们是如何通过思维成功致富的。

创新思维使乔布斯非凡

当有人问苹果之父乔布斯："究竟苹果公司代表的是什么呢？"乔布斯说："代表创新。"

事实的确如此，乔布斯是个善于运用创新思维的人，他是个不随波逐流的天才。

小时候的乔布斯，就表现出了他与众不同的一面。那时候，宗教在美国非常流行，可乔布斯的养父母并没那么狂热，他们只是星期天带着小乔布斯去感受一下宗教。可乔布斯非常有自己的见解，那时候他的家里订阅了《生活杂志》，1968 年的《生活杂志》上刊登了比亚法拉一对饿得只剩皮包骨头的儿童。他就把这本杂志带到教堂，他先是问牧师："如果我伸出我的一个手指头，那么上帝知道我伸出的是哪一根吗？"牧师的答案是肯定的。于是，乔布斯拿出杂志，指着封面上那对饿得只剩皮包骨头的小孩，质问牧师："上帝不是万能的吗？那么上帝知道他们的命运吗？"牧师回答说："上帝知道这一切。"听到这里，乔布斯宣布他再也不会相信这样一位上帝。从此以后，他再也没去过教堂。

由此可见，乔布斯具有非凡的反常规思维模式。他与别的小孩不一样，不是听到什么就相信什么，而是有自己的独立思考。他能够把教堂里听到的和日常生活中见到的事物结合起来，从中找到联系，发现问题，并大胆地提出问题，他有自己客观理性的判断能力。

事实上，很多杰出的思想家和发明家，都能够在看上去毫不相关的事物之间找到联系，发现规律，乔布斯也不例外。

大学时期的乔布斯，几乎每年夏天都会到弗里德兰叔叔经营的苹果园打工。他常常做的工作就是给苹果剪枝，通过这项工作他发现一个问题：如果任由苹果的枝干自由生长，那么树上的果实就会非常小；相反，给苹果树修剪树枝，结出的果实就很大。这让他意识到：少即是多。乔布斯日后的减法思维正是从这时播下种子的。等到他 1997 年重新掌管苹果公司之后，他把这一理念运用到公司的管理中，集中精力做好几个品牌，砍掉大量的小项目，精简了很多部门。这一思维方式使苹果公司很快脱离破产的边缘，迅速繁荣起来，走到时代的前端。

2005 年乔布斯在斯坦福大学毕业典礼上发表讲话，他告诉这群大学生一个成功的秘密："你们每个人的时间都是有限的，不要将这些有限的时间，浪费在重复他人的生活上。记住，不要被教条所束缚，因为教条会束缚你的思维，你将会变得和大多人一样平庸。也不要被别人的观点所左右。总之，你要有创新思维的能力，你要听从你的直觉和心灵的指示——它们在某种程度上知道你想要成为什么样子，所有其他的事情都是次要的。"

乔布斯与别人想得不一样，很多时候他凭借的不是技术优势，而是自己的直觉。我们今天用的鼠标，就来源于乔布斯的突发奇想。

那时候，鼠标只能做上下左右的直线移动，因此电脑页面的移动也是跳跃式的，可跳跃式的页面移动给人一种头晕的感觉，使用者非常不舒服。乔布斯觉得可以改变这种情况，他坚信可以设计出一种能够使页面平滑滚动的鼠标，这样的鼠标用起来会非常舒适。有了这种想法之后，他与阿特金森讨论，鼠标应该随着使用者的意志随意移动。那么，要想让鼠标具有这一功能，就需要在鼠标的内部设计一个球，取代当时使用的两个轮子。

当阿特金森把这个设计理念转达给设计工程师时，有一位工程师就开始抱怨，说这样的鼠标怎么可能生产出来呢？在吃晚饭的时候，阿特金森向乔布斯汇报了这位工程师的意见。第二天等到阿特金森上班时，他发现那位工程师已经被乔布斯解雇了。接任的工程师见到阿特金森的第一句话就是："我们一定可以设计出那样的鼠标。"

事实证明，他们真的设计出了这样的鼠标，也就是我们今天每个人都在用的这种鼠标。假如乔布斯没有创新意识，他能研制出这种鼠标吗？答案是否定的。

乔布斯的苹果公司一直走在时尚的前端，每一项由苹果率先发布的创新技术，总是能引来一大批的模仿者。模仿者并没能超越苹果，而苹果仍然在一次次地超越自己，它不断地开辟新的战场，努力走在别人的前端。

乔布斯的思维触角，总是朝着更深远的未来拓展。当他在发布会上用双指同时触控屏幕放大照片时，世界为之震惊——原来，触屏也可以这么玩！苹果的创新，再一次引领时尚的潮流。

　　不仅仅是在产品的设计方面，乔布斯懂得运用创新思维，在产品的营销方面，乔布斯也独树一帜。他并没有选择以消费者为中心，而是以企业为中心。乔布斯的苹果公司不会因为顾客需要什么产品就去设计什么产品。就连颇受追捧的iPhone，也只是因为乔布斯和摩托罗拉的CEO在聊天中受到了打击，决定进入移动电话领域而设计出来的。

　　苹果在每年的新品发布会上，推出的产品只有一种，消费者无从选择。因为苹果培养的那一大批忠实的消费者，会毫不犹豫地购买，这种奇迹也只有苹果可以做到。

　　在乔布斯的指引下，到目前为止，苹果公司取得了举世瞩目的成就。全球亿万名"果粉"就像信徒一样对乔布斯顶礼膜拜，成为不折不扣的忠实拥趸。从"果粉"的身上，我们可以深刻地认识到苹果的价值。苹果并没有像联想、戴尔那样进行正向营销活动，它保持着自己的品位和神秘感，只是偶尔在一些高端杂志上亮相，并不过多解释，留下一个让人们回想和猜测的空间，这样的苹果更能吸引人们的兴趣。

　　可以说，创新思维成就了乔布斯，成就了苹果。

　　如果你能领悟其中的真谛，创新思维一样可以成就你。

前瞻思维让比尔·盖茨卓越

比尔·盖茨在他 36 岁时成为全世界最年轻的亿万富翁。经过自己的努力，在短短 20 年的时间里，他创造出了一个又一个的奇迹。盖茨的成功是靠什么呢？名人似乎总是有点与众不同，比尔·盖茨之所以能够成为全球顶尖人物，当然与他那独特的个性和不同寻常的思维方式分不开。

小时候的盖茨，就是大家公认的"与众不同的孩子"。

盖茨的童年是在西雅图度过的。20 世纪 60 年代的西雅图，湖畔中学的大门外每天下午都会迎来一群十几岁的孩子，他们是湖畔中学的学生，他们聚集在校门外，一起玩耍一起打闹。有一个孩子显得那么与众不同，他就是被同学们戏称为"计算机疯子"的盖茨。盖茨是这群孩子的领袖，13 岁的他，就表现出了不同寻常的能力，他非常擅长数学，也格外喜欢编程。在很多人眼中，编程是一件枯燥无味的事情，可他做起编程来非常得心应手，他甚至可以利用这些编程改变自己的座位。

有一次，当他给湖畔中学编写学生座次排序软件时，偷偷加进去一些指令，使自己成为全班唯一一个周围坐满了女生的男孩。他喜欢操纵计算机，他常常陶醉于控制计算机产生的权力感之中。他还喜欢摆弄计算机安全系统。那时候，在分时计算机系统中，存在很多漏洞。当时的情况是，很多用户在同时使用一台机器，为了防止用户侵入其他用户的文档或破坏程序的运行，系统内置了一种安全保护设施，以免相互入侵破坏操作系统而导致整个计算机系统陷入瘫痪。

这个安全保护设施在当时来说是牢不可破的，可这些难不倒思维独特的盖茨，他很快就成为计算机安全的行家，不费吹灰之力就能够进入各种计算机系统，这使他成为一名黑客。这是外人绝对想象不到的，一个长着一副娃娃脸的中学生，只需在一部终端上敲出 14 个字母，就可以令计算机系统"俯首称臣"。

盖茨看的书非常多，想的问题也很多。他在四年级的时候，就对同学卡尔·爱德蒙德说过这样的话："与其做一棵草坪里的小草，还不如成为一棵耸立于秃丘上的橡树。"这也是盖茨的理想，他小小年纪就表现出了不同寻常的思维能力，很早就感悟到人的生命来之不易，因此，他常常在笔记中这样写道：一个人的一生就好比是一场盛大的赴约，一生中最重要的事情就是信守诺言。诺言就是要干出一番惊天动地的大事情。他认为，人的生命就是一场正在燃烧的大火，一个人所能做的，就是竭尽全力要从这场火灾中去抢点什么东西出来。

盖茨的这种追赶生命的意识，在同龄孩子当中，是很少见的，当别的学生还沉浸在唱歌、跳舞等挥霍青春的娱乐中时，盖茨已经提前一步编写好了自己的"人生系统"。

有一次，老师布置了一篇关于人体特殊作用的作文。他非常认真地查阅资料，一口气写了30多页。还有一次，老师要求大家写一篇不超过20页的小故事，盖茨竟然写出了长达100页的神奇而又曲折的故事。他往往不按照常理来，想到什么就是什么。他的这种善于钻研的精神，为他日后的成功打下了基础。

1973年，盖茨考入了哈佛大学。当大家都在埋头苦学的时候，盖茨在做什么呢？他没有让自己沦为学习的机器，而是特立独行，开始了自己的创业之旅，为第一台微型计算机MITS Altair开发了一款BASIC编程语言。

大学三年级的时候，大家都在为毕业而冲刺、苦学，而盖茨为了不耽误他的创业计划，毅然退学，放弃了哈佛大学的学业。这种逆流而动的行为，令大家感到不可思议，纷纷讥讽他：真是个疯子，再坚持一年就要毕业了，哈佛的学历是多么吃香啊！可是，他竟然放弃了！盖茨退学后，和他的好朋友保罗一起创立了微软公司，并把全部精力投入到微软公司中。他认为，计算机将会出现在未来的每个家庭、每个办公室中，正是在这个信念的引导下，他与好朋友开始为个人计算机开发软件。

事实证明，盖茨的自觉创新性思维和远见卓识，成就了他。

盖茨是一个不鸣则已、一鸣惊人的人，他能看到一般人看不到的东西，并把看到的东西和自己的自觉创新性思维紧密结合起来，创造出独一无二的产品。

企业界流行着这样一句话：不创新，即死亡。的确如此，在这个竞争激烈的社会，没有创新精神的企业是非常危险的，创新是一种新兴的事物。特别是在技术不断进步的计算机行业，创新更是非常重要，面对各种接踵而来的新的挑战，盖茨的任务就是要确保他的微软公司永远比竞选对手领先一步。因此盖茨总是充分考虑到顾客的需要，1994 年，微软把推进教育工作作为重点，为 8 岁至 14 岁的青少年，开发出增进智力发展和培养实用计算机技能的软件包，以此来代替那些具有暴力和侵略行为内容的软件。

这是盖茨做出的一项非常正确的决策，当时的软件开发都集中在操作系统和应用软件上，而盖茨一反常规，开发出一种新的产品，而这种产品的开发无疑是成功的，因为在暴力事件不断增长的世界里，人们更易于接受这款新产品。盖茨的这一做法使他的微软公司在市场上名利双收。

大家都知道，创新是做前人没有做过的事情，这种事情往往需要那些非常聪明的人去做，还有一种创新是把别人没有看到过的，或者是对于别人来说看似不重要的事情，通过你的工作，让大家认识到它的重要性。尤其是第二种创新，完成起来并不是那么容易，因为要完成这种创新，不仅需要聪明才智，还需要毅力，更要能承受一些东西。而盖茨在每一次创新的过程中，大都属于第二种创新，这与他超前的自觉创新性思维是分不开的。

盖茨的这种善于突破常规的思维，在他开始创业的时候，表现得非常明显。早在微软与IBM合作时，盖茨就意识到，一旦到了计算机操作系统和软件同硬件分离时，就会出现各种商品和厂商。在当时，盖茨有这样的想法绝对是超前的，这意味着计算机技术的研发不再局限于少数工程师，大多数工程师都可以做到，就连盖茨本人都表示，这是一个很好的想法，不但给硬件提供了发展机会，给软件领域也带来了新的变革。

盖茨心想，要是在新兴的 PC 市场，能够拥有一套占主导地位的操作系统，多元化的发展是多么重要啊。因此，1980年夏季，当 IBM 为了推广 PC 找到盖茨时，盖茨毫不犹豫就答应了他们的要求。他在合同中提出了一个创新方案，就是说在向 IBM 提供操作系统的同时，又说服 IBM 同意微软向其他计算机厂商提供操作系统授权。

这一决定不仅扩大了微软操作系统的市场占有率，更是借助 IBM 的推广，创建了所有公司共同使用的标准平台。

随着视窗操作系统和 office 办公软件市场的日趋饱和，盖茨又开始寻求新的创意。因此，他发现了利润丰厚的商业软件市场，正是这一市场为微软公司带来 100 亿美元的收入。

盖茨的自觉创新性思维成就了微软帝国，我们可以预想到，在网络成为主流的今天，自觉创新性思维将更加重要。可以说，我们生活在一个创新的时代，没有创新就没有社会的进步和发展，就没有让人耳目一新的发明创造，就不能颠覆和改变这个世界。我们人类将只能过着日复一日平庸、枯燥的生活。

反常规思维令巴菲特与众不同

　　1930 年 8 月 30 日，沃伦·巴菲特出生于奥马哈市。巴菲特天生是个投资家，在他很小的时候就颇具投资意识。他钟情于股票和数字，这种钟情的热度远远超过了家族中的任何人。

　　他从五岁开始，就懂得在家门口摆个地摊出售口香糖赚钱。等到稍大一点后，巴菲特就带领其他小朋友去球场捡那些有钱人用过的高尔夫球，然后倒卖，赚了不少钱。他上中学的时候，与人合伙做生意，把弹子球游戏机买回来后，出租给理发店的老板，以赚取外快。他还利用课余时间去做报童。

　　巴菲特有一句名言："在别人贪婪时恐惧，在别人恐惧时贪婪。"他一语道破了投资的秘诀：看到别人贪心的时候，我们应该感到害怕；看到别人害怕的时候，要敢于贪心。这就是逆向性思维的典型代表。巴菲特一针见血地说出了人们在苦苦追寻的投资秘诀——在投资中要战胜自己的从众心理，要敢于与众不同，敢于逆流而上。

巴菲特是这样说的，也是这样做的。

1968 年，巴菲特第一次碰到了大牛市，当时美国的股票交易已经达到几近疯狂的地步，日均交易量达到了 1300 万股，比 1967 年的最高纪录还要高出 30%，股票的大量交易使人们忙得喘不过气来，当时大多数人都选择了继续交易，可巴菲特敏锐地感觉到了潜在的危机，他认为这样的股票价格不可能持续太久，一定会落下来的。于是，他拿定主意，解散了他的合伙人公司，当时正是牛市，他却宣布退出："我适应不了这样的市场环境，我也不希望试图参加一种我不理解的游戏而使我的业绩遭受损失。"事实证明，巴菲特的退出非常及时，1970 年，股市大跌，人们纷纷逃离，股票交易所的每一种股票都比 1969 年初下降了 50%。正当人们谈股色变时，巴菲特再次逆流而进，买进了他看好的暂时被严重低估的股票。

1972 年，巴菲特第二次碰到大牛市。股票价格大幅上涨，人们纷纷选择把钱投到那些成长股上，像宝丽来、柯达和雅芳等这些股票上，因为这些股票的平均盈率上涨了惊人的 80 倍。而此时的巴菲特又是怎么做的呢？他觉得股价太高，难以买到合理的股票，因此他选择卖出大部分股票，只留下了 16% 的资金投放在股票市场。巴菲特见好就收，抢在价格波动之前，保住自己的利益。事实证明，巴菲特的判断是如此的正确，1973年，股价大幅下跌，整个股票市场摇摇欲坠，那些在1969年上市的公司，眼看着自己的股票市值跌了一半。在别人贪心的时候，巴菲特再一次用自己的智慧战胜了市场。

随后的1974年更是罕见的股市低迷期，道·琼斯指数从1000点狂跌到580点，几乎每只股票的市盈率都是个位数，人们想尽一切办法逃离股票市场，没有人愿意继续持有股票。在市场哀鸿遍野之际，人们听到的却是巴菲特的欢呼声。他再次进场，在接受《福布斯》杂志的记者采访时，他说："我觉得我就像一个非常好色的小伙子来到了女儿国一样，投资的时机来到了。"当别人恐惧时，他用他的智慧意识到股票会上涨。

由此可见，巴菲特坚信"在别人贪婪时恐惧，在别人恐惧时贪婪"的逆向性思维，体现出了他超强的投资意识。

从1995年到1999年的几年间，美国股市再次进入前所未有的大牛市，股票上涨了近150%，这其中最大的推动力量来自于网络和高科技股票的迅猛上涨，大部分投资者纷纷涌进来购买。而巴菲特是什么态度呢？他拒绝投资，他坚持继续持有美国运通、可口可乐和吉列等传统行业的股票，没有因为别人的贪心而贪心，他对高科技行业表现出了自己看不懂的恐惧。

不过，1999 年，巴菲特失败了，亏损了 20%，这也是他在 40 多年的投资史上最差的一年，面对股东的指责，巴菲特不为所动，他说："尽管这一年的业绩令人十分失望，可我仍然相信我们持有的这些公司的股票拥有十分出众的竞争优势，而且这种优势能够长期保持。我虽然同意高科技公司的产品与股票将会改变整个社会的观点，但在投资中，大多数的情况下，我们无法断定到底哪些公司拥有真正长期可持续发展的竞争优势。"

其实，巴菲特早在 1986 年，就已经清楚地表达了他对大牛市的看法："没有什么比参加一场牛市更令人振奋的了，在牛市中公司股东得到的回报与公司本身缓慢增长的业绩完全脱节。然而，我们知道股票价格绝对不可能无限期地超出公司本身的价值。实际上由于股票持有者频繁地买进卖出以及他们承担的投资管理成本，在很长一段时期内他们总体的投资回报必定低于他们所拥有的上市公司的业绩。如果某个公司总体上实现约 12% 的年净资产收益，那么投资者最终的收益必定比这个低得多。牛市能使数学定律黯淡无光，却不能废除它们。"

而这也是巴菲特拒绝在牛市中陷入太深的原因，正是基于这一点，跌到谷底的股票才会令他兴奋。时间到了 2000 年，事实再次证明，巴菲特的投资思维不容置疑，因为他的思维和眼光都是与众不同的，是正确的。

美国股市从 2000 年到 2003 年连续三年大跌，累计跌幅超过 50%，而同期巴菲特的业绩却上涨了 30% 以上。虽然在 1999 年他暂时败给了市场，但 4 年后的结果表明，巴菲特还是长期地战胜了市场。一时的输赢证明不了什么，而最终的结果才意味着一切！

这个时候，当初那些指责他的人都佩服得五体投地。人们不得不佩服巴菲特与众不同的投资眼光，也不得不承认，就长期而言，巴菲特的价值投资策略能够战胜市场。这是巴菲特逆向性思维的胜利，他用实际行动告诉人们，真理掌握在少数人手中。

在商业社会中，我们必须明白一个道理，繁华终究凋零，一切都将回归它们的本质。所有的大牛市不可能一直持续，过高的股价最终必然回归于价值。想要在风云变幻的商业竞争中获胜，请牢记巴菲特与众不同的投资信条："在别人贪婪时恐惧，在别人恐惧时贪婪。"

巴菲特独特的思维是他理解市场法则的关键，他能够抓住市场规律，善于运用逆向性思维发现商机。贪婪与恐惧是人性的弱点，巴菲特的思维从人性本质出发，具有超强的洞穿力。他从来不会用一成不变的眼光看问题，不会人云亦云地随大众盲目前进，而是真正遵循理性思维的法则，一反常规，并最终获取胜利。